刘薰宇 著

数学趣味

北方联合出版传媒（集团）股份有限公司

万卷出版有限责任公司

© 刘薰宇 2023

图书在版编目（CIP）数据

数学趣味 / 刘薰宇著． —沈阳：万卷出版有
限责任公司，2023.1
ISBN 978-7-5470-5983-8

Ⅰ．①数… Ⅱ．①刘… Ⅲ．①数学—青少年读物
Ⅳ．① O1-49

中国版本图书馆 CIP 数据核字（2022）第 073207 号

出 品 人：王维良
出版发行：北方联合出版传媒（集团）股份有限公司
　　　　　万卷出版有限责任公司
　　　　　（地址：沈阳市和平区十一纬路29号　邮编：110003）
印 刷 者：三河市三佳印刷装订有限公司
经 销 者：全国新华书店
幅面尺寸：165mm×230mm
字　　数：170千字
印　　张：10.00
出版时间：2023年1月第1版
印刷时间：2023年1月第1次印刷
责任编辑：史　丹
责任校对：张　莹
装帧设计：格林文化
ISBN 978-7-5470-5983-8
定　　价：36.00 元
联系电话：024-23284090
传　　真：024-23284448

目　录

一　数学是什么

　　这里所要说明的"数学"这一个词，包含着算术、代数、几何、三角，等等在内；用英文名词来说，那就是 Mathemetics。它的定义，照平常的想法，非常简单而且非常明了，几乎已用不到再加说明。但真要说明，那却问题很多。且先举罗素（Russell）在他所著的《数理哲学》提出的定义，真是叫人莫名其妙，好像在开玩笑的一般。他说：

　　"Mathematics is the subject in which we never know what we are talking about nor whether what we are saying is true."

　　将这句话很粗疏地译出来，就是：

　　"数学是这样的一回事，研究它这种玩意儿的人也不知道自己究竟在干些什么。"

　　这样的定义，它的惝恍迷离，它的神秘莫测，真是"不说还明白，一说反糊涂"。然而，要将已经发展到现时的数学的领域统括得完全，要将它的繁复灿烂的内容表示得活跃，好像除了这样也没有别的更好的话可说了；所以伯比里慈（Papperitz）、伊特耳生（Itelson）和路易·古度拉特（Louis Couturat）几位先生对于数学所下的定义也是和这个气味相同的。

　　对于一般的数学读者，这定义，恐怕反使得大家坠入五里雾中，因此拨云雾见青天的工作似乎少不了了。罗素所下的定义，它的价值在什么地方呢？它所指示的是些什么呢？要回答这些问题，还是用数学的其他定义来相比较更容易明白。

在希腊，亚里士多德（Aristotle）那个时代，不用说，数学的发展还很幼稚，领域也极狭小，所以数学的定义只须说它是一种"计量的科学"，已很可使人心满意足了。可不是吗？这个定义，初学数学的人是极容易明白而且能够满足的。他们解四则问题，学复名数的计算，再进到比例、利息，无一件不是在计算量。就是学到代数、几何、三角，也还不容易发现这个定义的破绽。然而仔细一想，它实在有些不妥帖。第一，什么叫作量，虽则我们可以常识来解释，但真要将它的内涵弄个明白，也不容易；因此用它来解释别的名词，依然不能将那名词的概念明了地表达出来。第二，就是照常识来解释量，所谓计量的科学这个谓语也不能够就明确地划定数学的领域。像测量、统计这些学科，虽则它们各有特殊的目的，它们也只是一种计量。由此可以知道，单用"计算的科学"这一个谓语联系到数学而成一个数学的定义，未免广泛了一点。

若进一步去探究，这个定义的欠缺还不止这两点，所以孔德（Comte）就加以修改而说："数学是间接测量的科学。"照前面的定义，数学是计量的科学，那么必定要有量才有可计算的，但它所计的量是用什么手段得来的呢？用一把尺子就可以量一幅布有几尺几寸宽，有几丈几尺长，用一杆秤就可以量一袋米有几斤几两重，这自然是可以直接办到的；但行星轨道的广狭，行星自己的体积，或是很小的分子的体积，这些就不是人力所能直接测定的；然而由数学的方法可以间接将它们计算出来。因此，孔德所下的这个定义，虽则不能将前一个定义的缺点全然补正，但总是较进一步了。

孔德究竟是 19 世纪前半期的人物，虽则他是一个不可多得的哲学家和数学家，但在他的时代，数学的领域远不及现时的广阔；如群论、位置解析、投影几何、数论以及逻辑的代数等，这些数学的支流的发展，都是他以后的事。而这些支流，和量或测量实在没什么关系。即如笛沙格（Desargues）所证明的一个极有兴味的定理：

"两个三角形的顶点若在集交于一点的三条直线上，则它们的相应边的交点就在一条直线上。"

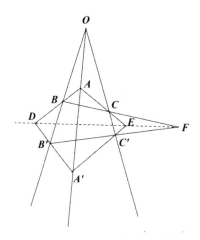

　　这个定理的证明，就只用到位置的关系而和量毫不相干。数学的这种进展，自然是轻轻巧巧地便将孔德所给的定义攻破了。

　　到了1970年，皮尔士（Peirce）就另外给数学下了一个这样的定义："数学是产生'必要的'结论的科学。"

　　不用说，这个定义，比以前的都广泛得多，它已离开了数、量、测量等这些名词。我们知道，数学的基础是建筑在几个所谓公理上面的。从方法上说，不过由这几个公理出发，逐渐演绎出去而组成一个秩序井然的系统；所谓公式、定理，只是这演绎所得的结论。

　　照这般说法，皮尔士的定义可以算得完全无缺吗？

　　不！依据几个基本的公理，照逻辑的法则演绎出的结论，只是"必然的"，若说是"必要"，那就很可怀疑。我们若要问怎样的结论才是必要的，这岂不是很难回答吗？

　　更进一步说，现在的数学领域里面，固然大部分还是采用着老法门，但是像皮亚诺（Peano）、布尔（Boole）和罗素这些先生，却又走着一条相反的途径，他们要掉一个方向对于数学的基础去下寻根问底的功夫。

　　于是，这个新鲜的定义又免不了摇动。

　　关于这个定义的改正，我们可以举出肯普（Kempe）的来看，他说："数学是一种这样的科学，我们用它来研究思想的题材的性质；而这里所说的思想，是归依到含着相异和相同，个别和复合的一个数的概念上面。"

这个定义，实在太严肃、太文气了，而且意味也有点儿含混。在肯普以后布契（Bôcher）把它改变了一下，便这样说：

"倘若我们有某一群的事件同某一群的关系，而我们所要研究的问题，又单只是这些事件是否适合于这些关系；这种研究便称为数学。"

在这个定义中，有一点最值得注意，布契提出了"关系"这一个词来解释数学，它并不用什么数啊量啊这些家伙，因此很巧妙地将数学的范围扩张到"计算"以外。

假如我们只照惯用的意义来解释"计算"，那么，到了现在，数学中有些部分确实并不是和计算有什么因缘。

也就是这个缘故，我喜欢用"数学"这个词来译 Mathematics，而不喜欢用"算学"。虽则"数"字也还不免有些语病，但似乎比"算"字来得轻些。

倘使我们再追寻一番，我们还可以发现布契的定义也并不是"悬诸国门不能增损一字"的。不过这种功夫越来越细微，也不容易理解，而我这篇东西不过想给一般的数学读者一点数学的概念，所以不再往里面穷追了。

将这个定义来和罗素所下的比较，虽然已距离较近，但总还是旨趣悬殊。那么，罗素的定义果真只是开玩笑吗？

我是很愿意接受罗素的定义的，为了要将它说得明白些，也就是要将数学的定义——性质——说得明白些，我想这样说：

"数学只是一种符号的游戏。"

假如，有人觉得这样太轻佻了一点，严严正正的科学，怎么好说它是"游戏"，那么，就这般说也可以：

"数学是使用符号来研究'关系'的科学。"

对于数学这种东西，读者大都会有过这样的疑问：这有什么意思呢？这有什么用呢？本来它不过让你知道一些关系，知道从某种关系推演出别的关系来；而关系的表出大部分又只靠着符号，这自然不能具体地给出什么用场和什么意义了。

为了解释明白上面提出的定义，我想从数学中举些例来讲，更方便些。

一开始我们就看"一加二等于三"。

在这一个短短的句子里，照句法上的说法，一共是五个词："一""二""三""加""等于"。这五个词，前三个是一类，后两个又是一类。什么叫"一"？什么叫"二"？什么叫"三"？这实在不容易解答。它们都是数，数是抽象的，不是吗？我们能够拿一个铜板、一支铅笔、一个墨水瓶给人家看，但我们拿不出"一"来，"一"是一个铜板、一支铅笔、一个墨水瓶；一个这样，一个那样，这些的共相。从这些东西我们认识出这个共相，要自己保存，又要传给别人，不得不给它一个称呼，于是就叫它是"一"。我为什么叫"薰宇"，倘若你要问我，我回答不上来，我只能说，这只是一个符号，用了它让你们好称呼，让你们在茶余饭后要和朋友们批评我、骂我时，说起来方便些，所以"薰宇"两个字是我的符号。同样的，"一"就是一个铜板、一支铅笔、一个墨水瓶……这些东西的共相的符号。这么一说，自然"二"和"三"也一样只是符号。

至于"加"和"等于"在根源上要说它们只是符号，一样也可以，不过无妨浮面一点说，它们是表示一种关系。所谓"一加二"是表示"一"和"二"这两个符号在这里的关系是相合；所谓"等于"是表示在它前后的两件东西在量上相同。所以归根到底"一加二等于三"只是三个符号和两个关系的连缀。

单只这么一个例子，似乎还不能够说得十分明白；再举别的例子吧，假定你是将代数学完了的，我们就可以从数的范围的逐渐扩大来说明。

在算术里我们用的只是一、二、三、四……这些数，最初跨进代数的门槛，遇到 a、b、c、x、y、z，总有些不习惯。你对于二加三等于五，并不惊奇，并不怀疑；对于二个加三个等于五个，也不惊奇，也不怀疑；但对于 $2a+3a=5a$ 你却怔住了，常常觉得不安心，不知道你在干什么？其实呢，$2a+3a=5a$ 和 $2+3=5$ 对于你的习惯来说，前者不过更加其符号化而已，有了这一个使用符号的进步，许多关系来得更简单、更普遍，不是吗？若是将 $2a+3a=5a$ 具体化，认为 a 是一只狗的符号，那么这关系所表示的便是两只狗碰到了三只狗成为五只狗；若 a 是一个鼻头的符号，那么，这关系所表示的便是两个鼻头添上三个鼻头一共就成了五个鼻头。

再掉转一个方向来看。在算术中除法常常有除不尽的时候，比如 $2 \div 3$。遇着这样的场合，我们便有几种方法表示：

（1）$2 \div 3 = 0.667$ 弱

（2）$2 \div 3 = 0.6 \cdots\cdots 2$

（3）$2 \div 3 = 0.\dot{6}$

（4）$2 \div 3 = \dfrac{2}{3}$

第一种只是一个近似的表示法。第二种表示得虽正确，但用起来不方便。第三种是循环小数，关于循环小数的计算，那种苦头你总尝到过的。第四种是分数，$\dfrac{2}{3}$ 是什么？你已知道就是 3 除 2 的意思。对了，只是"意思"，毕竟没有除。这和 3 除 6 得 2 的意味终是不同的。所谓"意思"便是"符号"。因为除法有除不尽的时候，所以我们使用"分数"这种符号。有了这种符号，于是我们就可以推究出分数中的各种关系。

在算术里，你知道从 5 减去 3 是 2，但碰到要从 3 减去 5，你就没办法，只好说一句这不能够。"不能够"？这是什么意思？我替你解释便是没有法子表示这个关系。但是到了代数里面，为了探究一些更普遍的关系，不能不想一个方法来冲破这种困难。于是有些人便这样想，从 3 减去 5 为什么不能够呢？他们心口相同地，便这般回答，因为还差 2。这一回答，好，关系就成立了，"从 3 减去 5 差 2"。在这个当儿又用一个符号"−2"来表示"差 2"，于是这个关系就成为 $3-5=-2$。这一来，真是"功不在禹下"，我们有了负数，一则可探讨它自身所含的一些关系，二则可以将我们已得的一些关系更普遍化。

又如在乘法中，有时只是些相同的数在相乘，便给它一种符号，譬如 $a \times a \times a \times a \times a$ 写成 a^5。这么一来，关于这一类的东西又有许多关系可发现了，例如：

$a^n \times a^m = a^{n+m}$

$(a^n)^m = a^{nm}$

$\left(\dfrac{a}{b}\right)^n = \dfrac{a^n}{b^n}$

……

不但这样，这里的 n 和 m 还只是正整数，后来却扩张到负数和分数从而得出下面的符号：

$$a^{\frac{p}{q}} = \sqrt[q]{a^p}$$

$$a^{-m} = \frac{1}{a^m}$$

这些符号的使用，是代数所给的便利，学过代数的人都已经知道，我也不用再说了。

由整数到分数，由正数到负数，由乘方到使用指数，我们可以看出许多符号的创立和许多关系的产生、繁殖。再说要将乘方还原，用的是开方，但开方常常会碰钉子，因此我们就创出无理数来，如 $\sqrt{2}$，$\sqrt{3}$，$\sqrt[3]{9}$，$\sqrt[4]{8}$……这也不过是些符号，这些符号经过一番探索，便和乘方所用的指数符号结了很亲密的关系。

总结这些例子来看，除了使用符号和发现关系以外，数学实在没有别的什么花头。倘若你已学过平面三角，那么，我相信你更容易承认这句话。所谓平面三角，不就是只靠着几个什么正弦、余弦这类的符号来表示几个比，然后去研究这些比的关系和三角形中的其他关系吗？

我说"数学是使用符号来研究'关系'的科学"，你应该不至于再怀疑了。

在数学中，你会碰到些实际的问题要你计算的，譬如三个十两五钱一共是多少斤。但这只是我们所已得的关系的具体化，换句话说，不过是一种应用。

也许你还有一个疑问，数学中的公式和定理固然只是一些"关系"的表现形式，但像定义那类的东西又是什么呢？我的回答是这样，那只是符号的规定。"到一个定点距离相等的一个完全的曲线叫圆"，这是一个定义，但也只是"圆"这个符号的规定。

正正经经地说，数学只是这么一回事，但我仍然乐意说它是符号的游戏。所谓"游戏"自然不是开玩笑的意思。两个要好的朋友拿了球拍，在球场上打网球，并没有什么争胜的要求，然而兴致淋漓，不忍释手，在这时他们得到一种满足，这就是使他们忘却一切的原因，这叫游戏。小孩子独自拿了两块石子在地上造房子，尽管满头大汗，气喘不止，但他仍然拼了全身的气力去做，这是游戏。至于为银盾而赛球，为锦标而练习赛跑，这便不是游戏了。还有因为过得无聊，无可如何地约几个人打麻将、喝老酒，这也算不来游戏。就在这意味上，我说"数学是符号的游戏"。

自然，从这游戏中可有些收获——发现一些可以供人使用的关系；但符号使用得越多，所得的关系越不容易具体化来供人使用。踏到数学的领域的后部，真的，你只见到符号和关系，那些符号、那些关系，要你说个明白，就是马马虎虎地说，你也无从下手的。

到这一步，好了，罗素便说：

"数学是这样的一回事，研究它这种玩意儿的人也不知道自己究竟在干些什么。"

二 数学所给予人们的

　　我想在这篇短文中答复许多人对于我所提出的"数学有什么用"的问题。我希望我的这一篇简略的述说能引起人们对于数学的伟大功绩的注意，不以很狭的"用"去估计它的价值——虽然这是无损于它的。

　　只要人的生活不是全然在懵懂混沌中，就没有一个时候——无论怎样短——脱离了数学的关系；张一比李四高一点儿；同样的树，远的看上去低，近的看上去高；今天的风比昨天大。这许多的比较都是在人心受了数学的锻炼以后才能获得的。从白马湖要到上海去，就比到宁波去需多备川资，多带零用物品，多留出几天的空闲；准备一月的粮比备一天的粮要多储几斗米；没有事到山上去跑的时候，见着太阳已发了红色快掉下去，就得放快一点儿脚步才得免了黑夜的奔走。这一类的事，也不是从有生以来就不曾受过数学的锻炼的人所能办到的。

　　一百页的书打算五天念完，每天平均应当念多少？雇一个人做了三天的工，要给他多少工钱？想缝一件大布长衫要买多少布才不至于不足，也不至于多出可省的剩余？这些自然都是很浅显明白的，没有一个人否认的数学所给予人的"用"。但数学对于人的贡献若只有这一点儿，也就不值得去学，纵然不得不学，也是一件极轻而易举的事了。中国的旧式商人，通了小九九①便可受用不尽，若是还知点飞归②就要被人称颂，实在是一个优秀的人物了。对于这点，没有人还怀疑数学的"用"，但以这点于人很微末的帮助来赞美数学，它虽未必叫屈，也绝无所容心。一般人对于数学，反是觉得越学越没有用，这是它的所引以为憾的，虽然它的目的不全在给人以"用"。

人们若不想返回到数千年以前的生活，不愿穴居野处，钻燧取火，茹毛饮血，和别人老死不相往来，现在的物质文明，一切科学的、工艺的、机械的贡献，在某种限度以内，它的价值是不能被抹杀的。物理学家、化学家、生物学家支配世界的力量，和天文学家、艺术家以及思想家原是难分轩轾。人们与别的一切生物不同，能够享受较满足、较愉快的生活，全仗他们的思想。数学就是思想的最重要的工具，在 20 世纪以后，找一种不受数学的影响的思想界的产物，恐怕是不可能的吧？

在空闲的时间到剧团里去听戏，或到音乐会里听音乐；为增加一点知识到演讲会中去听讲演，都会发现一个使人感到痛苦的事实，不是力量大、腿长或钱多的人，必定被挤到人群的后面，到了一个听而不闻的地位，乘兴而去败兴而回。哪能想到有容纳五六千人，没有一个人坐着不能听的讲堂，已在美国建了起来，供给不少的人享乐呢？更何能想到这样伟大适用的讲堂凭一个极简单的代数式（$Y^2 = 70 \times 02X$）就可以建起来呢？凭着这样一个极简单的式子，工程师坐在屋里，吸着雪茄，把一切墙的形式，台的长，天花板的高，都不费多大的力就从从容容地决定出来，而且不爽分毫。这不是什么神奇的事情，只依声浪直线进行与投射角相等的角折回的性质和一个代数式的几何曲线性质，便受用不尽了！更大、更美的建筑，数学也有同样的贡献啊！除了丁字规、三角板、两脚规，还有什么方法可以取方就圆、切长补短呢？基本的帮助，就是不少的帮助吧！

$$(a+b)^2 = a^2 + 2ab + b^2$$
$$(a+b)^3 = a^3 + 3a^2b + 3ab^2 + b^3$$
$$(a+b)^4 = a^4 + 4a^3b + 6a^2b^2 + 4ab^3 + b^4$$

① 乘法口诀，也叫九九歌，如一一得一，一二得二，二五一十等。
② 珠算中两位数除法的一种简便的运算方法，将归除合并，作成口诀，归后不用商除，以简化运算程序。参阅宋·杨辉《乘除通变算宝》。

这样的式子,在它的本身不曾和铜元、钞票一样明白地显示它的"用",哪知道经济学上也不能不和它亲善呢?债券的价格、拆换、生命保险、火灾保险,都要以它为根据的。

虽依上面的说法,把数学所给予人的,讲得比一般人所想到的大一点儿,但仍然不能得到它的真实的、伟大的贡献。若从天文学上考察,可以使我们更惊异,相信它的能力了。

太阳已落下西边去,月亮也唤不起的夜里,在我们眼里所看到的美,不是挂了满天的星吗?有闪烁的,有飞舞的,没有一个人不是用"无数"两个字来表示它们那不能数的多。数学对于这样人不能数的星,却用了几个简单的式子,就能统括起它们运行的路来,依着式子就可决定它们在某时的相关的位置,比用我们的两眼所看的还正确。在海王星没有被发现的时期,因研究关于星的扰动,许多天文学家和亚当斯(Adams)就从数学上决定了它的轨道。当它运行到望远镜可以看着的位置的时候,亚当斯和他的朋友依计算所得的位置将望远镜移转,这从前未被发现而为数学所决定的海王星果然无所逃避,被他们看见了。

这样的例证,虽然多,但都是理科上的运用,一般以数学为理科基础的朋友们当然不否认,别的人难免仍有微辞。单以数学为理科的基础,虽没有大错,却把数学的力量狭看了。

数学在哲学领域以内占有相当的势力,这是从人类的文化略有基础的时候就是这样的。柏拉图(Plato)教他的弟子学哲学,要他们先学几何锻炼思想。毕达哥拉斯(Pythagoras)的哲学更和数学分不了家。其实哲学家不受数学洗礼的真是不易寻出来,读过哲学史的人总不至于以为这话武断吧?

逻辑可当得哲学的基础了,数理逻辑(Mathematical Logic)的创建,更使哲学研究得到了较大的助力,虽然这种研究才在萌芽时代,但"它可以使我们易于研究比'言词的推论所能得出的'更抽象的观念,它可以指示'用别的方法想不到'的有效假定,它可以帮助我们立刻看出建筑一个逻辑的或科学的理论,至少需要什么材料",也见其功不可没了。

数学上对于"连续"和"无限"的研究,得到了美满的结果以后,不少哲学上的疑问也就得到解答了。数学和哲学在某部分是难以分出界限来的，因此数学不只是理科的基础。假使哲学在人的思想界能显出更大的权威来，数学的功效也就值得称为伟大了，何况它所加惠于人的还不止于此呢？

以求善为目的的人们很容易轻视数学，有时更以为数学是可使人习于深刻的，应当反对。但真正的善本没有深刻与否的问题，后一层没有答辩的必要。数学是以求真为主的，与善有关系吗？数学对于人既有绝大的贡献，本身当然是善的，以数学为基础的科学，也是以有助于人的幸福为目的，数学也是没有罪的。至于，因科学受了利用而产生不少的罪恶，这不是科学的罪恶，更不是为科学的基础的数学的罪恶。

"善"不是在区别是非吗？"善"不是要寻求道德真正意义吗？要满足这样的企图，恐怕不能不借助数学吧？

很容易表现得和数学冲突，或无关系的，要算艺术了。自然艺术是从情感发出的，但纯粹到不多少加入点儿理智成分的情感，人也是不容易有的吧？"真"和"美"也不是可以绝对分开的啊！秩序呀，和谐呀，不是美的必要条件吗？音阶的组成，不也要依靠数学来将各音的振动的关系表明吗？一张画上各种物件的关系位置，各部分的大、小、长、短，不也是数学所支配着的吗？

数学本身也能将美贡献于人的。我们和外界接触的时候，森罗万象，倘若在心里不能有相当的整理，弄得井然有序，自然界的可憎恐怕要使人不可一朝居了！这种综合的能力，从数学发生出来的比较简要、确实，非别的所能比拟的。就是表现一种图形的变化，也以数学为简单明了。数中间的神妙变化，给予人的美感也是不可解说的啊！从 1 到无穷的整数中，整数是无穷的；从 1 到 2 间的数也是无穷的，从 1 到 $\frac{1}{2}$，或 $\frac{1}{20}$，$\frac{1}{200}$……以至于 $\frac{1}{200000000}$ 间的数仍然也是无穷的；这样的想象只能使人们感到枯燥、没有一点美感吗？崇高和伟大是兴起美感的，使我们感到大而又大，大之外还有大，无论如何可以超出我们的想象力以外，这样的美感还可从什么地方得到呢？大，大至无穷；小，小至无穷；变幻，变幻至无穷；极纷繁的不可计的，可以合并到极简单；极简单的可以推演到无量数；这样能动的内心的美感不值得赞颂吗？

已经说过的话也不少了，或者已可以表现数学所给予我们的很不算小吧？我们所能从它得到的只有这些吗？还有更大的没有呢？我想，将我们居住的世界在精神上扩延出去，使我们不执着在现实的六合以内，才是数学最大的恩惠。要说到这一层，较详细的叙述实在无法免去。

我们想象有种在直线上生活的人——说他是人——他的行动只有前进和后退，没有改变方向——无论上下、左右——的能力。这样的人，倘若被我们在他行进的直线的路中前后都加上了极薄极薄、极短极短的阻隔——只要有阻隔无论怎样薄怎样短——要不许他冲破那阻隔，他只有陷到不幸，困死在里面了。在我们看来，这是何等的可笑呢？脚一提或由左右一移动就得到生路了。但这是我们不只能在直线方向活动的人替他想的，他绝不能领会。

比他更进步——假定说——的人，我们设想他不只能在直线上活动，在平面内都能活动。这个世界的人，自然不至于有前一种世界的人的厄运，因为他可以由旁边活动——虽然还不能上下活动——得到生路。但是，我们对于他只要在他所在的平面上，围着他画一个小圈，虽然这圈是用墨笔画的，在我们已经看不出它的厚来，只要不许他冲破，也就可以限制他的活动，围困他了。我们用我们的智慧可以指示他，叫他不用力地跳下就可以出来；但"跳"是上下的活动，是他不能理会的，所以这样的指示就和对牛弹琴一样，不能给他微末的帮助，这也是我们从旁看去认为可笑的。

我们笑他们，固然他们只有忍受了，或者他们和我们一样，不但不能领受别人的指示，而且永远想不到那样的指示是有的。这句话似乎很可惊异了。但是我要提出一个问题：假如有人将我们用一口极薄的纸做成的箱子封闭在里面，不许我们扯破箱子，我们能出来吗？不在里面困死吗？直线世界的人不打破他前后的阻碍不能出来，我们笑他；平面世界的人不打破他四周——前后左右——的围圈不能出来，我们笑他。我们自己呢，不过多一条出路——上下，把这条多的出路一同封住，也就只有坐以待毙，这不应当受讥笑吗？不，这是不应当的，因为我们和他们有一点不同。他们的困难是我们所能解除的，我们的困难是不能解除的。因为除了前后、左右、上下三条路，实在没有第四条路。这样的解释，不过聊以自慰罢了。我们在立体世界想不出第四条路和他们在直线世界想不出第二条路，在平面世界想不出第三条路不是一样的吗？不是只凭各自的生活环境设想吗？直线世界的人不能因他的想象不能及而否认平面世界的人的第二条路，平面世界的人不能因他们的想象所不能及而否认我们的第三条路，我们有什么权利因我们的想象不能及而否认第四条路呢？不将第四条路否认掉，第五、第六条路也就同样难以否认。有了三条路以外的路，不打破薄纸做成的纸箱，除了我们立体世界的笨蛋，还有什么不能出来呢？这样的说法，执着在物质的现实界的人们除了惊异摇首之外，只有用实际的生活做武器来反对。在立体世界的实际方面，第四条路是找不到的。但这样由合理的推论得到的理想的世界——这里只是比喻，数学上自有基于理论的证明——使我们的精神生活不囿于六合以内，这是何等伟大的成就！不费一矢，不伤一人，不和任何人相角逐，在立体的世界以外，开拓了第四、第五……条路来，不占有而享受，精神界的领域何等广袤！这就是数学所给予人们的！

三 数的启示

为了避开城市的嚣攘，我搬到了乡间居住。住屋的窗外横着一大方荒芜的草地，当我初进屋时，它所给我的，除却凄寂之感外，再没有什么了。太阳将灰黄色的网覆盖着它，风又不时地从它的上面拂过，使它露出好像透不过气来的神色。于是，生命的微弱，生活的紧张，我同时都感觉到了；一个下午便在这样的心境中过去。夜来了，上弦的月挂在窗的左角，那草地静默地休息着，将我的迫促之感也涤荡了去，而引导我母亲的灵魂步进我的心里。已十七八年不能见到的她的面影，浮现在我的眼前，虽免不掉怅惘，同时却尝到甜蜜。呵！甜蜜！多么的甜蜜呀！母亲的灵魂的抚慰！

那时，我不过六岁吧，也是一个月夜，四岁的小妹妹和我傍着母亲坐在院子里，她教我们将手指屈伸着数一、二、三、四、五……妹妹数不到三十就要倒回去，我也不过数到五十六七便也缠不清。我们的愚笨先是使得母亲笑，后来无论她怎样引导我们，还是没有一点进步，她似乎有些着急了，开始责备我们："这样笨，还数不到一百。"从那时起，我就有这样一个牢不可破的观念，不能把数目数清的人就是笨汉。笨汉这个名词，从我们一家人的口中说出来，很令人感到难堪，觉得十二分可耻。我于是有些惶恐，总怕我永不会数到一百个数，一百个数就是数的全体了，能将它数清的便是聪明人而非笨汉，我总是这样想。

也不知经过多少月日，一百个数，我总算数清了，然而并不曾感到可以免当笨汉的快乐，怎样地不幸呀！刚将一百个数勉强数得清，一百以上还有一千，这个模糊的印象又钻进我的脑里，不过对于它已没有和先时对于一百那样恐惧，因为一千这个数是从两条草绳穿着的铜钱指示我的。在那上面，左右两行，每行五节，每节便是一百。我不会从一百零一顺数到二百零一、三百零一以达到一千，但我却知道所谓一千是十个一百。这个发现，我当时注意过许多钱串子，居然没有一次失败，我很高兴。有一天我便去倒在母亲的怀里这样问她："妈妈，十个一百是不是一千？"她笑着回答我个"是"字，摸摸我的头，我真欢喜极了，我一连好几天，走出走进，坐着睡着，都想到这个发现，感到快活。

可惜得很！这快活不久就被驱逐开了！原来，我已七岁，祖父正在每天教我读十多句《三字经》，终于读到一而十、十而百、百而千、千而万，还有什么亿、兆、京、垓、秭、穰、沟……都是十倍十倍地上去的，完全将我的头脑弄昏了。从此觉得只有永远当笨汉！这个恐惧虽然不是很严重地压迫着我，但确实有不少的次数，在我的心上涂染一些黑点。一直到我进小学学数学，知道了什么加、减、乘、除，才将这个不能把数完全数清的恐怖的念头深埋下去。

今夜，这些回忆将我缠绕得很紧，祖父和母亲那慈蔼的容颜，使我感到温暖，愉悦，而同时对于数的不能理解，却使我感到超过了恐怖以上的烦扰，无论怎样，我只想到一些数所给我的困恼！实在说，这时，我对于数这个奇怪的东西，比起那被母亲说我笨的时候，总是多知道一点了，然而，这于我有什么用呢？正因为多知道了这一点，越把自己的不能知道它，反照得更明白，这于我有什么用呢？那居然能将一百个数数清时的快乐，那发现一千便是十个一百时候的喜悦，以后它们将不会再来亲近我了吧！它们正和我的祖父、我的母亲一般，只能在我的梦幻或回忆中来慰藉我了吧！

再来说两段关于数的话。

平时，把数写到十位二十位，不但念起来不大方便，就是真要计算到和它们有关的数，也会觉得麻烦。在我们的脑里，真能常常想到的数顶多不过在十位左右。超过这一个限度，在我们的感知上，和无穷大没有什么差别，这真是无可如何的。有些数我们可以用各种方法去研究它，但它的面目却叫我们永不能看见，这是多么的奇特啊！随便举一个例子吧。

莫尔黑德先生（M. Morehead）在 1906 年发现了这么一个数 $2^{273}+1$，它是可以被 $5 \times 2^{75}+1$ 除尽的，就是说它不是一个质数，我们总算知道它的一点性质了。但是，它究竟是一个什么数呢？能用 1，2，3，4……九个字排列成普通的数一般的形式吗？随便想想，这不过是乘法的计算，凭了我们已知的法则，一定是可以将它弄出来的，但实际却做不到。先说它的位数，已经很惊人了，它应当有 $0.3 \times 9444 \times 10^{18}$ 位，比 2700×10^{18} 个数字排成的数还要大得多。

让我们来看 2700×10^{18}（就是 27 后面有 20 个 0）这个数。比如说，一个数字只有一毫米宽，这在平常已可算得够小了，但这个数排起来，就得有 2700×10^{12} 千米长，把地球的赤道围 60×10^9 圈，还要长出来，我们怎样有这般长的绳呢！

再说我们真正将它写出来（假如已知道它），每秒钟写一个数字，每天足足写十个小时，一年 365 天都不间断，要写多长时间呢？这很容易计算的，$(2700 \times 10^{18}) \div (60 \times 60 \times 10 \times 360)=2 \times 10^{14}$ 年。呵！

像这般大的数，除了对它惊异，我们还能做点什么呢？但是，数这个珍奇的东西，不只它的本身可使我们惊异，就是它的变化，也很够叫我们吃惊的。关于这一类的例子，随便举一个忽然闯进我的脑里来的吧！

有一天，具体是什么时候，已记不清了，那时我还在学校念着书，同学八个人围坐在一张八仙桌上吃中饭，两个同学因选择座位，便起了争论。后来虽不得要领地解决下来,但他们总是不平。我们在吃饭的时候，因为座位问题，便联想起了八个人排列的变化，我们将它来作为一个讨论的问题。八个人围着一张八仙桌，调换着次序坐，究竟有多少坐法呢？甲说十六，乙说三十二，丙说六十四……说去说来没有一个人敢说到一百以上。这样的回答，与真实的数相差真不知有多远！终于我们便呆算起来，两个人有两种排法，这很容易明白，三个人就有六种，就是 $1 \times 2 \times 3$，推上去，四个人有二十四种 $1 \times 2 \times 3 \times 4$，五个人有一百二十种 $1 \times 2 \times 3 \times 4 \times 5$……八个人便有 40320 种排法。这样的数，虽则是照了理法算出来的，然而我们没有一个人肯相信实际上真是这样，我们不期而然地都有这样的意见。我们八个人可以同在那个学校的时间只有四年，就是一年 365 天都不离开，四年中再加上有一年是逢闰应多一天，总共也不过 1461 天，每天三餐饭，大家不过围那八仙桌 4383 次。每次变了排法坐，所能变化出来的花样，还不及那真实的数的九分之一，我们是何等的渺小呀！然而我们要争，所争的是什么呢？

数，它的本身，它的变化，使我们所不可穷究的天地在我们的眼前闪烁，反照出我们自己，怎样地渺小，怎样地微弱！"以有尽逐无已殆矣"，我们只有垂头丧气地，灰白了脸，抖颤着跪在它的脚下了！

会数了一百，还有一千，会数了一千，还有一万，总数不完，于是，连一百也不去数了。因为全世界上的人，几万年也不能将那一个数写出来，所以索性放它在一边。几个人排去排来，总难将所有的花样排完，所以干脆死板地坐着一动不动。这样，不但自己的愚笨可以遮盖过去，还可以嘲笑别人的愚笨。

数，指出我的渺小，我感到莫名的烦苦！烦苦！烦苦！然而烦苦是从贪生出来的，我总是贪生的，我能得到另一条生路不能呢？

我曾经从一起，一个一个地数到一百，但我对于一千却是从一百一百地数而知道它是十个一百的。莫尔黑德（Morehead）不知道 $2^{273}+1$ 究竟是怎么样的一个数，但他却找出了它的一个因数。八个人围坐在一张八仙桌的四周吃饭，尽四年的光阴，虽然变不完所有的花样，但我们坐过几次，就会得到一个大家相安的坐法。从这上面，我感到另一种的启示。

人是有理性的动物，这是一句老话，是一句很多人常常挂在嘴唇上的老话。说到理性，很自然地容易想到计较、打算，人的生活，好像就受命于这计较、打算。既然要打算，要计较，那自然越打算得清楚，越计较得精明，便越好。那么，怎样才能打算得清楚，计较得精明呢？我想最好是乞灵于数了。不过这么一来，话又得说回来。要是真能用数打算、计较得一点不含糊，那结果也许就只会叫人吃惊，叫人咋舌，叫人觉得更没有办法。八个人坐八仙桌，有 40320 种坐法。在这 40320 种坐法当中，我们要想找出一种最中意的来，有什么法子呢？我们能够一种一种地排了来看，再比较，再选择，最后才照那最中意的去坐吗？这是极聪明、极可靠的方法！然而同时也就是极笨拙、极难能的方法；不只笨拙、难能而已，恐怕简直是不可能的吧！菜哪，肉哪，酒哪，饭哪，热烘烘的、香腾腾的，排满了一桌子，它们的诱惑力多么的大，还有谁能不对着它们垂涎三尺，要慢慢地排，谁等待得来？然而就因迫不及待，便胡乱坐下吗？不，无论哪个，都是非选择一下不能安心的。

在不能以人力追踪的数的纷繁变化中，在它的广阔领域里，人不但总想要选择那可以使得自己比较安适的，而且，居然常常可以选择到，这是奇迹了。固然，我们可以用怀疑的态度来批评它，也许那个人所选择到的并不是他所期望的最好的。然而这样的批评，只好用在谈空话的时候。人真正在走着自己的路时，何等急迫、紧张、狂热，哪管得这些。平时，我们可以见到一些闲散的阔人，他们无论想到什么地方去，就是自己明明听到时钟上的针已在告诉他，时间不大来得及了，他依然还能够悠然地等候车夫替他安排汽车。然而他的悠然只是他的不紧张的结果。真是有人在他的背后用手枪逼着，除了到什么地方去，便无法逃命，他还能那般悠然吗？纵然，在他眼前的只是一片泥水塘，他也只好狂奔过去了。不过，虽是在这紧迫的状态中，我们留心去看，他也还在选择，在当时他也总是照他觉得最好的一条路走。

人们，所有的人，谁踏在自己前进的路上，真是悠悠然的呢？在这样的不悠然之中，却竟有人想全凭了所谓的理性去打算、计较，想找一条真正适当的路走，这是何等的可怜呀！生命之神并不容许什么人停了脚步，冷静地辨清了去路才走的。在这意义上，人的生活，即使不能全然免掉选择，那选择所凭的力，恐怕也不是我们所赞颂的所谓理性吧！

我们可能有一见如故的朋友，我们也能遇着会面就倾倒的恋人，这样的朋友，这样的恋人，也才是真的朋友，真的恋人，他们才是真能使我们的生活温暖的。然而我们之所以认识他们，正是在我们急迫的生活中凭了一种不可名的力量选择的结果。这选择和一般的所谓打算、计较有着不同的意味，可惜它是极容易受所谓理性的冷气僵冻的，我们要想过丰润的生活，就不能不让它温暖自由地活动。

数是这样启示我的，要支离破碎地去追逐它，对它是无法理解的，真要理解，另有一条路。在我们的生活上，好像也正有这样的明朗的星光照耀着！

四　从数学问题说到我们的思想

　　确实是在什么时候，已记得不很清楚了——大概说来，约在十六七年前吧——从一部旧小说上，也许是《镜花缘》，见到一个数学题的算法，觉得很巧妙，至今还不曾忘掉它。那是这样一个关于鸡兔同笼的问题，题上的数字现在已有点模糊，就算是一共有 12 个头，30 只脚，要求的便是那笼子里边，究竟有几只鸡、几只兔。

　　那书上的算法很简便，将总的脚的数目 30 折半，得 15，从这 15 减去总的头的数目 12，剩的是 3，这就是那笼子里面的兔的只数；再从总的头数减去这兔的头数 3，剩的是 9，便是要求的鸡的数目。真是一点儿不差，3 只兔和 9 只鸡，一共恰是 12 个头，30 只脚。

　　这个算法，不但简便，而且仔细想一想，还很有些趣味。把 30 折半，就无异将每只兔和每只鸡都顺着它们的脊背分成两半，而每只只留一半在笼里。这么一来笼里的每半只死兔都只有两只脚，而死鸡每半只，都只有一只脚了。至于头，鸡也许已被砍去一半，但既是头，无妨就算它是一个。这就变成这么一个情景，每半只死鸡有 1 个头，1 只脚，每半只死兔，有 1 个头，有 2 只脚。因此，总的数目，脚的还是比头的多。这所以多的原因，非常明白，全是从死兔的身上出来的，死鸡一点儿功劳没有。所以从 15 减去 12 余的 3，就是每半只死兔留下 1 只脚，还多出来的脚的数目，然而每半只死兔只能多出 1 只脚来，所以多了 3 只脚就晓得笼里面，有 3 个死的半只兔，原来，就应当有 3 只活的整兔。12 只里面去了 3 只，还剩 9 只这既不是兔，当然是鸡了。

这个题目是很平常的，几乎无论哪一本数学教科书只要一讲到四则问题，就离不了它。但数学教科书上的算法，比起小说上的来，实在笨得多。为了方便，这里也写了出来。头数 12 用 2 去乘，得 24，从 30 里减去它，得 6。因为兔是 4 只脚，鸡是 2 只，所以每只兔比每只鸡所多出来的脚的数目是 4 减 2，也就是 2。用这 2 去除上面所得的 6，恰好商是 3，这就是兔的只数。有了兔的只数，要求鸡的，那就和小说上的方法没有两样了。

这法子真有点呆，我记得，在小学读数学的时候，为了要用 2 去除 6，明明是脚除脚，忽然就变成头，想了三天三夜还不曾想明白！现在，多吃了一二十年的饭，总算明白了，这个题目的算法，总算懂得了。脚除脚，不过纸上谈兵，并不真的将一只脚去怎样弄别的一只，所以变成头，变成整个的兔或鸡都没有什么关系。正和上面所说将每只兔或鸡劈成两半一样，并非真用刀去劈，不过心里想想而已，所以劈了过后还活转得来，一点儿不伤于畜道！

我一直都觉得，这样的题目，总是小说上说的来得有趣，来得方便，但近来，因为一些别的机缘，再将它们俩比较一看，结果却有些不同了。不但不同，简直是全然相反了。从这里面还得到一个教训，那就是贪便宜，终于得到的是大不便宜。

所谓便宜，照经济的说法，就是劳力小而成功大，所以一本万利，即如一块钱买张彩票中了奖，轻轻巧巧地就拿到一万元，这是人人都喜欢的。说得高雅些、堂皇些，那就是科学上的所谓法则。向着这条路走下去，越是可以应用得广泛的法则越受人崇拜。爱因斯坦的相对论，非欧几里得派的几何，也都是因为它们能够统领更大的范围，所以价值更高。人类生就有些贪心，而又有些懒惰，精力也实在有限得可怜，所以常常就要自己给自己碰钉子。无论见着什么，都想知道它，都想用某一种方法对付它，然而多用力气，却又不大愿意。于是乎便成天要想找出些推诸四海而皆准的法则，总想有一天真能到"纳须弥于芥子"的境界。这就是人类对于一切事物都希望从根源上寻出它们的一个基本的、普遍的法则来的理由。因此学术一天一天地向前进展，人类所能了解的东西也就一天多似一天。但这是从外形上讲，若就内在说，那支配这些繁复事象的法则为人所了解的，却一天一天地简单，换言之，就是日见其抽象。

回到前面所举出的数学上的题目去，我们可以看出那两个法则的不同，接下来就可以判别它们的价值，究竟孰高孰低。

我们先将题目分析一下，它一共含四个条件：（一）兔有4只脚，（二）鸡有2只脚，（三）一共12个头，（四）一共30只脚。这四个条件，其中无论有一个或几个有点儿变化，我们所求得的数，就不相同，尽管题目的外形全不变样。再进一步，我们还可以将题目的外形也大加变更，但骨子里面却一点儿没有两样。举个例子说："一百馒头，一百僧，大僧一人吃三个，小僧一个馒头三人分。问你大僧、小僧各几人？"这样的题，一眼看去，大僧、小僧和兔子、鸡风牛马不相及，但若追寻它的计算的基本原理，放到大算盘上去却毫无二致。

在这一点，我们为了一劳永逸，就要要求一个在骨子里可以支配这类题目，无论它们外形怎样不同的方法。那么，我们现在就要问了，前面的两个方法，一个小说上的，巧妙的，一个教科书上的，呆笨的，是不是都有这般的力量呢？所得的回答，却只有否定了。用小说上的方法，此路不通，就得碰壁。至于教科书上的方法，却还可以迎刃而解，虽然笨拙一些。我们再将这个怪题算出来，假定100个都是大僧，每人吃3个馒头，那就要300个（3乘100），不是明明差了200个吗？（300减去100，）这如何是好呢？只得在小僧的头上去揩油了。一个大僧调换成一个小僧，有多少油可揩呢？不多不少恰好$\frac{8}{3}$个（大僧每人吃3个，小僧每人吃$\frac{1}{3}$，3减去$\frac{1}{3}$余$\frac{8}{3}$）。若要问，须得揩上多少小僧的油，其余的大僧才可以每人吃到三个馒头？那么用$\frac{8}{3}$去除200，得75，这便是小僧的数目。100里面减去75剩25，这就是每人有3个馒头吃的大僧的数目了。

将前面的题目计算的顺序，和这里的比较，即可看出一点儿差别都没有，除了数量不相同，可知数学教科书上的法则，含有一般性，就是可以应用得宽广些。小说上的法则既那么巧妙，为什么不能用到这个外形不同的题目呢？这就因为它缺乏一般性。我们试来对它下一番检查。

这个法则的成立，有三个基本的条件：第一个是，总的脚数和两种的脚数，都要是可以折半的；第二个是，两种的脚的数目恰好差两只，或者说，折半以后差一只；第三个是，折半以后，有一种每个只有一只脚了。这三个条件，第一个是随了第二、三个就可以成立的。至于第二、第三两个并在一道，结果无异是说，必须一种是两只脚，一种是四只脚。这就判定了这个方法的力量，永远只有和兔子、鸡这类题目打交涉。

我们另外举一个条件略改变一点儿的例子，仿照这个方法计算，更可以看出它的不方便的地方，由此也就可以知道，这个方法虽然在特殊情况当中，有着意外的便宜，但它非常硬性，推到一般的情况上去，反更觉其笨重。八方桌和六方桌，一共八张，总共有五十二个角，试求每种各有几张？这个题目中，前面所举的三个条件，第一个和第二个，它都具备了，只缺乏第三个，所以不能全然用一样的方法计算。先将五十二折半得二十六，八方和六方折半以后，它们的角的数目相差虽是只有一，但六方的折半还有三个角，八方的还有四个，所以，在二十六个角里面，必须将每张桌折半以后的脚数三只三只地都减了去，一共减去三乘八得出来的二十四个角，所剩的才是每张八方桌比每张六方桌多出的角数的一半，所以二十六减去二十四剩二，这便是八方桌有两张，八张减去二张剩六张，这就是六方桌的数目。将原来的方法用过来，手续就多了一层，但将教科书上所说的方法，用到那样形式相差很远的例，却并不稍加繁重，这就可以证明两种方法的使用范围的广狭了。

越是普遍的法则，在用来对付特殊的事例时，往往容易显出不灵巧，但它的效用并不在使人得着小机巧，而是要给大家一种可靠的、能够以一当百的方法。这种方法的发展性比较大，它是建筑在一类事象所共有的原理上面的。像上面所举出的小说上所载的方法，为了它的成立所需的条件比较多，因此就把它的可运用的范围画小了。

且暂时丢开这些，再另举一个别的例子来看。如中国很老的数学书《周髀算经》上面，就载有一个关于直角三角形的定理，所谓"勾三股四弦五"的；这正和希腊数学家毕达哥拉斯（Pythagoras）的定理"直角三角形的斜边的平方等于它两边的平方的和"本质上原没有两样。但因为表达出来的方法不同，它们的进展就大相悬殊。就时代讲起来，毕达哥拉斯是公元前 6 世纪的人，《周髀算经》出世的时代虽已不能确定，但总不止二千六百年。然而为什么毕达哥拉斯的定理，在数学史上有着很大的展开，而"勾三股四弦五"的说法，却没什么新的突破呢？

这是因为它们所含的一般性已不相等了。所谓"勾三股四弦五"，究竟它所表示的意义是什么？是说三边有这样的差呢，还是说三边有这样的比呢？固然已经学了这个定理的人，是会知道它的真实意义。但这个意义却没有让它本质地存在于我们的脑里，而是用几个特殊的数字来硬化了，这不能不算是思想发展的一个大的障碍。在思想上，若尽管让一大堆特殊的认识，不相关联地存在，那么，普遍的法则是无从下手去追寻的。不能擒到一些事象的普遍法则，就不能将事象整理得秩然有序，因而要想对于它们有更丰富、更广阔、更深邃的认识，也就不可能了。

我们从"勾三股四弦五"这一种形式的定理，要去研究出钝角三角形或锐角三角形的三边的关系，那就非常困难。所以现在我们还不知道，究竟钝角三角形或锐角三角形的三边有怎样的三个简单的数字的关系存在，也许就没有这回事吧！

至于毕达哥拉斯的定理，在几何上、在数论上都有不少的发展。详细地说，这里当然不可能，喜欢数学的人很容易知道，现在只大略叙述一点儿。

在几何上，我们有三个定理平列着：

（一）直角三角形，斜边的平方等于它两边的平方的和。

（二）钝角三角形，对钝角的一边的平方等于它两边的平方的和，加上这两边中的一边和它一边在它的上面的射影的乘积的二倍。

（三）锐角三角形，对锐角的一边的平方等于它两边的平方的和，减去这两边中的一边和它一边在它的上面的射影的乘积的二倍。

单只这样说，也许不容易弄清楚，我们再用图和算式来表明它们。

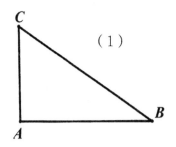

（1）

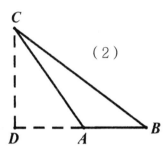

（2）

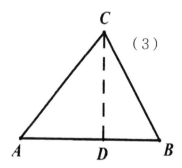

（3）

（1）是直角三角形，A 是直角，BC 是斜边，上面的定理用式子来表示就是：

$$\overline{BC}^2 = \overline{AB}^2 + \overline{AC}^2$$

（2）是钝角三角形，A 是钝角，上面的定理用式子表示是这样：

$$\overline{BC}^2 = \overline{AB}^2 + \overline{AC}^2 + 2\overline{AB} \times \overline{DA}$$

（3）是锐角三角形，A 是锐角，上面的定理可以用下式表示：

$$\overline{BC}^2 = \overline{AB}^2 + \overline{AC}^2 - 2\overline{AB} \times \overline{DA}$$

三条直线围成一个三角形，由角的形式上说，只有直角、钝角和锐角三种，所以既有了这三个定理，三角形三边的长度的关系，已经全然明白了。但分成三个定理，记起来未免麻烦，还是有些不适于我们的懒脾气。能够想一个方法，将这三个定理并成一个，岂不是其妙无比吗？

人，一方面固然懒，然而所以容许懒，也是因为有些人高兴而且能够替懒人想方法的缘故。我们想把这三个定理合并成一个，也就真有人替我们想出方法来了。他对我们这样说：

"你记好两件事：第一件，在图上，从 C 画垂线到 AB，若这条垂线画来正好和 CA 重在一块儿，那么 D 和 A 也就分不开，两点并成了一点，DA 的长是零。第二件，若从 C 画垂线到 AB，这垂线是落在三角形的外面，那么，C 点也就在 AB 的外边，DA 的长算是'正'的；若垂线是落在三角形的里面，那么，D 点就在 AB 之间，DA 在上面是从外向里，在这里却是从里向外，恰好相反，这就算它是'负的'。"

记好这两件事，上面的三个定理就只有一个了。那便是：

三角形一边的平方等于它两边的平方的和，加上这两边中的一边和它一边在它上面的射影的乘积的二倍。

若用式子表示，那就是前面的第二个：

$$\overline{BC}^2=\overline{AB}^2+\overline{AC}^2+2\overline{AB}\times\overline{DA}$$

照上面别人的吩咐，若 A 是直角，DA 等于零，所以式子右边的第三项没有了；若 A 是钝角，DA 是正的，这第三项也是正的，便要加上前面两项的和；若 A 是锐角，DA 是负的，这第三项也是负的，便只好减去前面两项的和。

到了这一步，毕达哥拉斯的定理算是真进步到很普遍、很单纯了。记起来方便，用起来也简单，依据它要往前进展，自然容易得多。

上面只是讲到几何方面的进展，以下再来讲数论方面的，这和图没有关系，所以我们先将它用简单的式子写出来，就是：

$$x^2+y^2=z^2$$

从这个式子，可以衍生出许多有趣味的问题，比如说，x、y、z 若是相连的整数，能够符合这个式子的条件的，究竟有多少呢？所谓相连的整数就是后一个比前一个只大 1 的，假如我们设 y 的数值是 n，x 比它小 1，就应当是 n 减 1，z 比它大 1，就应当是 n 加 1，因为它们符合这个式子的条件，所以：

$$(n-1)^2+n^2=(n+1)^2$$

将这个方程式解出来，我们知道 n 只能等于 0 或 4，而 y 等于 0，x 是 -1，z 是 1，这不是三个连续整数。所以 y 只有等于 4，x 只有等于 3，z 只有等于 5。真巧极了，这便是中国的老数学书上的"勾三股四弦五"的说法！我们的老祖宗真比我们聪明得多！

由别的方面，若 x、y、z 都是整数，也还有许多性质可以研究，而且都是很有趣的，但这里不是编数学讲义，只得放过一旁暂且不表。

掉过方向，不管 x、y、z，来看它们的指数，若那指数不是 2 而是 n，那式子就是：

$$x^n+y^n=z^n$$

n 若是比 2 大的整数，x、y 和 z，就不能全都是整数而且还没有一个等于零。

这是数学上很有名的费马的最后定理。这个定理，是费马在 17 世纪就说出来的，可惜他自己没有将它证明。一直到了现在，研究数学的人，既举不出反证来将它推翻，也还是找不出一般的证明法，现在只做到了这一步，n 在一百以内，有了些特殊的证法。

关于数学的话，说起来总是使看的人头疼的，不知不觉就写了这一大段，实在抱歉得很，就此不再说它，转过话头吧！我的本意只是想找点例子来说明，我们的思想若是只就特殊的范围去找精明、巧妙的法则，不向普遍的、开阔的方面发展，结果就不会有好的、多的收获。前面所举的例子，将我们自己去比较别人，就可以看出，由于思想的进向不同，我们实在吃亏不小。真正要提倡科学，那么，不但别人现在已经知道的，我们都应该有人知道，而且还要真有些人能够同着别人排了队向前走，努力赶超别人。

所谓提倡科学，第一要紧的便是要培养点科学的头脑。

什么是科学的头脑？呀！要回答嘛，一两句话固然说它不完，十百句话又何尝一定说得完呢？若只就我现在一时感兴所及来回答，那首先就是思想进展的抽象能力。有了这抽象的能力，在万千纷纭繁杂的事象中，自然可以找出它们的普遍法则来支配它们，叫它们想逃也逃不脱。

这里所说的抽象，是依据了许多特殊的事例，去发现它们的共同点。比如说，先有了一个鸡兔同笼那样的题目，我们居然找出了一个法则来计算它，固然我们很高兴很满足了，但我们却不可真就到此止步。我们应当找些和它相类似的题目来把我们所找出的法则推究一番。我们用了那八方桌和六方桌的例子检查出我们从小说上得来的方法，须得多少加些条件进去，它才能解决我们的新问题。最初一折半后，一减就可得到答数的，后来，却不能这样简单。这不能简单的原因在什么地方呢？那就是因为最初碰到的一个例子，具有一个特殊的条件，我们就是将计算的手续忽略了一段也没有什么关系，所以原来的可以简单。对于一般的例子来说，只好算是偶然的。偶然的机会，在特殊事象中，都包含在内，所以要除掉它，就只有多集些特殊事实来比较。有一个鸡兔同笼的题目，有一个八方桌和六方桌的题目，又有一个一百和尚吃一百馒头的题目，若再寻去，比如还有一个题目是：十元钞票和五元钞票混在一只袋里，一共是十张，值八十块钱，求每种有几张。将这四个题目并在一道，我们再去研究它们的运算法，一定可以得出一个较普遍的法则来。这不过是用来做例子，我们所要求的方法，并不是只要能对付一类的题目就可以满足的。我们有了这种方法以后，还得将题目改变一下，弄复杂些，进一步再求出更普遍的法则。说到这里，关于鸡兔同笼这一类的题目，数学教科书上四则问题中所给我们的，也就不是真正很普遍的问题，假如关在笼子里的不只是兔子和鸡，还有别的三只脚、五只脚的东西，它一样不够用，于是乎我们又有了混合比例的法则。说到底，这一类的题目，混合比例的说明才是普遍的、根本的。

平常我们很喜欢想大题目，同时又不愿注意到一个一个的特殊事实，其结果只是让我们闭着眼睛去摸索，去判断。大家既都丢开了事实不提，各人就都可以说出些无法对证的道理来。然而，真是无法对证吗？绝不是这样，遇到了脚踏实地的人，就逃不过他的手。倘使我们整天都只关在屋子里，那么地球你说它是方的也好，你说它是圆的也好，就算你说它是三角的、五角的，也没有什么不好。但若是有一天你居然走出了大门，还走得很远，竟走到了前面就是汪洋大海的地方，你又见到了有些船开到远处去，有些船从远处开过来，你就会觉得说地球是三角的、五角的、方的都使不得，你不得不承认它是圆的。这，你就和真相接近了。走出大门和关在屋子里的极大不同，就是接触的事象一个很复杂，一个却很简单。

真正的抽象是要根据事实的，根据的事实越多，所去掉的特殊性也随之更多，那么留存下来的共通性自然越是普遍的了。所谓科学精神就是耐得下烦去搜寻材料，静得下心来去发现它们的普遍法则。所谓科学的头脑，就是充满着这精神的头脑！可惜我们很缺乏它！

指南针，我们很早就知道了它的用场！但若要问：它为什么老是指着南方？我们有什么理由可以相信它，一定不会和我们开玩笑，来骗我们一两回呢？究竟有几个人回答得出来？

瓷器，中国的瓷器真的很有名，而且历史也很长久了！但若要问，瓷器的釉是哪几种原素？"原素"这个名字，已够新鲜了，还要说有多少种？

说这些都是知其然而不知其所以然，大约批评得很对。但是，我们就得小心了！凡事都只知其然，而不知其所以然，那所知的也就很不可靠！要促它进步，要图它发展，都不是只靠着知其然就行的。

如果我们没有充分的抽象的力量，便不能将一些事实集在一块儿，发现它们真正的因果关系。因而我们也找不出一条真正趋吉避凶的路！于是我们只好跟跟跄跄地彷徨！我们只好吃苦头，一直吃下去！

我们吃苦头，若是已经够了，那么，好，我们就应当找出那吃苦头的真实的、根本的原因。然而要发现这个，就全靠我们的思想当中的抽象力了！

五　恨点不到头

新年到了，诸君也许在做"掷状元红"的游戏吧。好，我的话就从"掷状元红"开始。

用手把六颗骰子掷到一个碗里，看它们叮当叮当地乱转，转到气困力竭，碰巧出现五颗六和一颗五，这就叫作"恨点不到头"。真是可恨，这个名堂不过只能到手一个状元，若那一点到了头，六颗骰子都是六，便算全色，就不只到手一只三十二注的状元签了。所以全六比"恨点不到头"高贵得多。再说，若别人家跟上来掷出一个名堂叫什么"火烧梅花"——五颗红一颗五——他就有权利把你已经到手的状元夺了去，让你只不过得到几分钟的空欢喜，所以红又比六更高贵一些。

玩骰子的朋友们，哪怕赌的不过是香签棍或者小石子，输赢至少也与各人的体面有关，所以谁都想不输，谁都希望红多，希望全六，然而它们是多么的难以出现啊！

不是吗？掷出一颗红可以到手一个秀才，掷出两颗红可以到手一个举人，然而偏偏总是一颗幺①、两颗幺滚了出来的时候多。玩过骰子的朋友，都会有过这样的经验吧！

是什么缘故呢？

是骰子的构造就有些不可靠吗？还是有意做得叫红不容易出现呢？

---

① 数字中的"1"。

不是，不是。你想，做骰子的人，并不是靠玩骰子赢钱过活的，他何苦替别人多费这样的心，难道还真有谁会感谢他吗？

有神吧，那么！

先来讲一个极简单的例子，那就是猜钱币。

一个人把钱币立在桌子上旋转起来，再随手按下去，叫你猜那钱的上面是正面还是反面？这是一个小玩意儿，但也一样可赌输赢。

一个钱币只有两面，所以任它乱转的结果，出现正面的机会和出现反面的机会，都是偶然的。在这偶然中若是只希望正面或只希望反面，那么，达到这希望的机会，都只有一半。照数学上的说法，就是 $\frac{1}{2}$。$\frac{1}{2}$ 这个数，在数学上就称它是转一个钱币出现正面或反面的概率。

一个钱币是两面，所以它转动的结果，"可能"出现的不同的样子有两个。你指定要正面或反面，那么就只有一面能给你"成功"。所以概率的基本原理是：

一件事，在机会均等的场合，"成功数"对于"可能数"的"比"，就是它的"概率"。

这个原理，我们有两点应当注意：第一，就是要在机会均等的场合。有些人常说，专门放赌的人，他的骰子里面灌有铅，让赢的一面特别重一些，不容易滚出，这就是机会不均等。严格地说，事实上的机会均等，可以算得是没有，这正如事实上我们没有真正的圆，没有真正的直线，没有真正的平面一般，但这和我们讨论的原理、法则没有关系。

第二点须得注意的，也可说是概率的基本性质，即概率总是比 1 小；若等于 1，那就成为必然的了。比如你将一个钱币两面都涂成红色，要它转出红的面，那就是必然能够转出来的。

在这以外，还有一点也很重要，就是我们照理论计算出来的概率，要在数目很大的时候，才和事实相近，实验的数目越大，相近的程度也就越大。用一个钱币转两三次，转出来的，也许就会全是正面，或全是反面，但若转到一千次、一万次、十万次，你就可以看出正面或反面出现的次数，渐渐近于 $\frac{1}{2}$。赌场中有句俗话"久赌必输"，这就是因为成功的概率天生就比 1 小，赌的次数越多，这概率越准。（这只是大概的说法，真要讨论赌业的问题，这还不够。）

成功的概率比 1 小，反过来，失败的概率也比 1 小，但它俩的和却恰好等于 1，这很容易想明白，不用再说明了。

按照旋转钱币的例子来看掷骰子：一颗骰子有 1、2、3、4、5、6 共六面，所以掷到碗里"可能"出现的样子有 6 种。若你指定要的是红（4），那么成功的情形只有 1 种，所以它的概率便是 $\frac{1}{6}$；而失败的概率，却是 $\frac{5}{6}$，两个相加恰好是 1。你若老和别人赌红，久赌你当然输。你要赢也能够，只须你的钱多，多到用不尽。那么，比如你第一次赌一个钱，你也只想赢个对本，失败了；第二次你就赌两个，再失败；第三次赌四个……总之把以前输出的加上一倍去赌，包管你总有一天把钱赢到手。然而，朋友！要紧的是你有那么多的钱，不然别人的概率是 $\frac{5}{6}$，你的只是 $\frac{1}{6}$，结果总是你输的。

譬如我们的骰子是特制的，有一面是 2，两面是 3，三面是 4，那么，掷到碗里可能出现的情形仍然是 6 种，出现 2 的概率便是 $\frac{1}{6}$，出现 3 的，是 $\frac{2}{6}$ 即 $\frac{1}{3}$，出现 4 的是 $\frac{3}{6}$ 即 $\frac{1}{2}$。

再举一个别的例子：譬如一只口袋里面只有黑白两种棋子，黑的数目是 p，白的是 q，那么随手摸一颗出来，这颗棋子要是黑的，它的概率是 $\frac{p}{p+q}$，反过来它要是白的，这概率便是 $\frac{q}{p+q}$，两个相加恰是 $\frac{p+q}{p+q}$，等于 1。

看了这几个例子，概率的概念和基本原理大概可以明了了吧！但是仅凭这一点简单的原理，还不能说明我们所提出的问题。原来上面的例子，说到钱币只有一个，说到骰子也讲的只是一颗，就是最后的一个例子，口袋里棋子的数目虽没有什么数字的规定，这只相当于一颗骰子所有的面数，而我们所说到的还只是摸出一颗黑棋子，或一颗白棋子的概率。现在，进一步，我们来看较复杂的例子，比如用两个钱币转，要计算转出一个正面一个反面的概率；又比如用两颗骰子掷到碗里，要计算它出现全红的概率，以及由上面的口袋中连摸两颗棋子若要全是白的，我们来计算它的概率，这都较为复杂了。

暂且将这三个问题丢下，我们先来看另外一个例题。比如一只口袋里有红、白、黑、绿四种颜色的棋子，红的 3 颗、白的 5 颗、黑的 6 颗、绿的 8 颗；我们伸手在袋里任意摸出一颗来，要它是红的或黑的，这样它的概率是多少呢？

第一步，我们知道，这只口袋里面所有的棋子一共是：

3+5+6+8= 22

所以随手摸一颗可能出现的样子是 22。

在这 22 颗棋子当中，只有 3 颗是红的，所以摸一颗红的出来的概率是 $\frac{3}{22}$。

同样的道理，摸一颗黑的出来的概率是 $\frac{6}{22}$。

因为无论红的出现或黑的出现，我们的目的都算达到了，所以我们成功的概率，应当是它们俩各自的概率的和，就是：

$$\frac{3}{22} + \frac{6}{22} = \frac{9}{22}$$

一般来说，比如那口袋里有 A_1、A_2、A_3……种棋子，各种的数目是 a_1、a_2、a_3……，那么，摸一颗棋子出来是 A_1 的概率便是 $\frac{a_1}{a_1+a_2+a_3+\cdots}$ 或是 A_2、A_3……的概率是：$\frac{a_2}{a_1+a_2+a_3+\cdots}$、$\frac{a_3}{a_1+a_2+a_3+\cdots}$……若我们所要的是某几种中的一种出现，那么，我们成功的概率就是这几种各自出现的概率的和。

另举一个例子，比如一只口袋里只有白棋子 5 颗，黑棋子 8 颗，我们连摸两次，第一颗要是白的，第二颗要是黑的（假如第一颗摸出仍然放回去），这个成功的概率有多少呢？

这一个问题，乍看去好像和前一个没有什么分别，但仔细一想，绝然不同。口袋中的棋子是 5 加 8 一共 13 颗，所以第一次摸出白棋子的概率是 $\frac{5}{13}$，第二次摸出黑棋子的概率是 $\frac{8}{13}$，这都很容易明白。但我们现在的问题是：我们成功的概率是不是 $\frac{5}{13}$ 和 $\frac{8}{13}$ 的和呢？它们两个的和恰好是 1，前面已经说过，概率总比 1 小，若等于 1 就成为必然的了。事实上，我们的成功不是必然的，可见照前例将这两个概率相加，是谬误的。那么，将怎样求出我们成功的概率呢？

仔细思索一下这两个例子，我们成功的条件虽然都是两个，但在这两个例子中，两个条件的关系却大不相同。前一个例子，两个条件——出现红的和出现黑的——无论哪个条件成立，我们都成功；换句话说，就是只要有一个条件成立就行。在这第二个例子里，却必须有两个条件——第一颗白的和第二颗黑的——都成立。而第一次摸出的是白子，第二次摸出的还不一定是黑子，因此，在第一个条件成功的希望当中，还只有一部分是全然成功的希望。照上例的数字来说，第一个条件的成功概率是$\frac{5}{13}$，而第二个条件成功的概率是$\frac{8}{13}$；所以我们全部成功的概率，在$\frac{5}{13}$当中还只有$\frac{8}{13}$；就是：

$$\frac{5}{13} \gtrless \frac{8}{13} = \frac{5}{13} \times \frac{8}{13} = \frac{40}{169}$$

因为这两种概率的性质绝然不同，在数学上就给它们各起一个名字，前一种叫"总和的概率"，后一种叫"构成的概率"。前一种是将各个概率相加，后一种是将各个概率相乘。前一种的性质是各个概率只需有一个成功就是最后的成功；后一种的性质是各个概率必须全都成功，才是最后的成功。

事实上，我们所遇见的问题，有些时候，两种性质都有，那就得同时将两种方法都用到。假如我们的第二个例子，不是限定要第一次是白的，第二次是黑的，只需两次中的颜色不同就可以，那么，第一次是白的，第二次是黑的，它的概率是$\frac{5}{13} \times \frac{8}{13}$；而第一次是黑的，第二次是白的，它的概率是$\frac{8}{13} \times \frac{5}{13}$。这都属于构成的概率的计算。但无论是先白后黑，或先黑后白，我们都算成功。所以我们成功的概率，就这两种情况来说，是属于总和的概率的计算，而我们所求的数是：

$$\frac{5}{13} \times \frac{8}{13} + \frac{8}{13} \times \frac{5}{13} = \frac{40}{169} + \frac{40}{169} = \frac{80}{169}$$

概率的计算是极有趣味而又最需要小心的，所有题目上的条件一点儿也放松不得，但这里不是来专门讲它，所以我们就回到开始的问题上去吧！

六颗骰子掷到一个碗里，滚来滚去，究竟会有多少花样出现呢？关于这个问题，我们先得假定一个条件，就是我们能够将六颗骰子辨别得清楚。照平常的情形，只要掷出一颗红，就是秀才，无论这颗红是六颗骰子当中的哪一颗滚出来的，这样，数目就简单了。

依据这个假定，照排列法计算，我们一共可以掷出的花样，应当是6的6次方，就是46656种；但若六颗骰子全然一样，不能分辨出来，那就只有7776($6^6 \div 6$)种了。

在这46656种花样当中，出现一颗么的概率有多少呢？我们既然假定了六颗骰子是可以分辨得清楚的，那么无妨先就某一个骰子出现么的概率来讨论。因为我们只要一颗么，所以除了这一颗指定要它出现么的以外，都必须滚出其他的五面来才可以成功；换句话说，就是其余的五颗骰子必须不出现么。照概率的基本原理，指定的骰子出现么的概率是 $\frac{1}{6}$，其他五颗骰子不出现么的概率，每个都是 $\frac{5}{6}$。又因为我们最后的成功要这些条件都同时存在才行，所以这应当是构成的概率的计算法，它的概率便是：

$$\frac{1}{6} \times \frac{5}{6} \times \frac{5}{6} \times \frac{5}{6} \times \frac{5}{6} \times \frac{5}{6} = \frac{3125}{46656}$$

但是，无论六颗骰子当中的哪一颗滚出么来，都符合我们的要求，所以我们所求的概率，应当是这六颗骰子每一个出现么的概率的总和；那就等于 6 个 $\frac{3125}{46656}$ 相加，即是：

$$\frac{3125}{46656} \times 6 = \frac{3125}{7776}$$

我们一看这数字差不多近于 $\frac{1}{2}$，所以这概率可算是比较大的，无怪事实上我们掷六颗骰子到碗里，总常看见有么了。

依照这个计算法，我们可以掷出两个么来的概率是：

$$\left(\frac{1}{6} \times \frac{1}{6} \times \frac{5}{6} \times \frac{5}{6} \times \frac{5}{6} \times \frac{5}{6}\right) \times 6 = \frac{625}{7776}$$

照推下去，可以掷出 3、4、5、6 个么的概率是：

$$\left(\frac{1}{6} \times \frac{1}{6} \times \frac{1}{6} \times \frac{5}{6} \times \frac{5}{6} \times \frac{5}{6}\right) \times 6 = \frac{125}{7776}$$

$$\left(\frac{1}{6} \times \frac{1}{6} \times \frac{1}{6} \times \frac{1}{6} \times \frac{5}{6} \times \frac{5}{6}\right) \times 6 = \frac{25}{7776}$$

$$\left(\frac{1}{6} \times \frac{1}{6} \times \frac{1}{6} \times \frac{1}{6} \times \frac{1}{6} \times \frac{5}{6}\right) \times 6 = \frac{5}{7776}$$

$$\frac{1}{6} \times \frac{1}{6} \times \frac{1}{6} \times \frac{1}{6} \times \frac{1}{6} \times \frac{1}{6} - \frac{1}{46656} \text{（注意这里不用 6 去乘了）}$$

将这六个概率一比较，可以明白地看出来，概率依次减少，后一个总只有前一个的 $\frac{1}{5}$；而六颗么的概率比五颗么的还只有 $\frac{1}{30}$，比一颗么的不过 $\frac{13}{18750}$。所以事实上，六颗骰子掷到碗里要滚出全色的么来是极少有的。

在我们的理论上，一颗骰子出现 1、2、3、4、5、6 的机会是均等的，所以出现一颗红的概率也是 $\frac{3125}{7776}$，并不比出现一颗么要难些。同样的理由，出现五颗 6 或五颗红的概率也和出现五颗么的一样，仍是 $\frac{5}{7776}$，而全六或全红的概率也只有 $\frac{1}{46656}$。

这就可以再进一步来看"恨点不到头"和"火烧梅花"的概率了。它不但要五颗出现 6 或红，而且还要剩下的一颗出现的是 5。照通常的道理想起来，这第二个条件的概率当然是 $\frac{1}{6}$。但在这里却有一点要注意。$\frac{1}{6}$ 这个概率是由一颗骰子有六面来的，然而就第一个条件来讲，已经限定是五颗 6 或红，这颗就绝不能再是 6 或红。因此，六面中得有一面必须先除掉，只有五面是符合条件的，所以第二个条件的概率应当是 $\frac{1}{5}$，而那两种情况各自出现的概率便是：

$$\frac{5}{7776} \times \frac{1}{5} = \frac{1}{7776}$$

从这计算的结果我们可以知道，全色比五子出现的概率来得小，我们觉得它困难这很合理。至于把红看得比么高贵些，这只是一种人为的约束，并不是它的出现比么的要更难些，到此我们的问题就算解决了。

也许，还有人不满足，因为我们所得出的只是客观的理论，和主观的经验好像不大一致。我们将骰子掷到碗里时，满心不愿意么出现，而偏偏常常见到的都是它。要解释这个疑团倒是很容易，你只要去试验几次，改过来，出现一个么得一个秀才，出现两颗么得一个举人，你就可以看出来，红又会比么容易出现了。这是不是因为骰子也和我们人一般是有意志的，而且习惯为难我们呢？

其实这只不过是我们的主观经验罢了。因为我们的注意力只集中在红上面，它出现的困难就使我们能够过分地感知到，么的出现是我们不希望的，所以在我们的心理上，对它的感情恰好相反，因为厌恶它，仇人相见分外眼红，就觉得它常常滚出来了。

归结起来，我们的经验，是生根在感情上的，倘若我们能够不惮烦，每次把各个数出现的数目都记下来，一直记到几百几千几万次，再将它们统计一下，这才是纯理性的、客观的。这个经验一定和我们平常所得到的大相径庭，而和我们计算的结果相近。所以，科学的方法第一步是观察和实验，而要结果可靠，就须得观察者和实验者的头脑能够充分地冷静。只就客观的事实记录，毫不掺杂一点儿主观的感情或偏见，这真是极难的事。

像掷骰子这类的游戏，我们可以借数字明白地将它的变化计算出来，使我们得到一个明确的认识。但别的现象，因为它本身的复杂性，以及我们的数学和其他的科学还没有达到充分进步的境界，我们就没法得到明确的认识，因而在研究的时候，要除去感情和偏见就更不容易了。

类似于玩骰子的事，我们要举起例子来，真是俯拾即是，不胜枚举。这里再来随便说几个，以证明我们的日常生活是怎样不理性的。

比如你家里有人生了病，你正着急非凡，有一位朋友好心来看望你，他给你介绍医生，给你说单方。你听他满口说出的都是那医生医好了人的例子和那单方的神奇功效。然而你若信了他的话，也许不免要大倒一次霉。你会讨厌他吗？他是好心，他和你说的也都不是欺骗的话，只怪你不曾问他那医生，那单方曾经有多少人上过他们的当！其实，你真的去问他，他也回答不上来，这不是他有意来骗你，只是他不曾注意到。

又比如前几年彩票很风行的时候，你听那些买彩票的人，他们口里所讲的都是哪一个穷困的人，东拼西凑地买了一张彩票，就中了头彩。不然就是哪个人某次也得了大奖；你绝不会听到他们说出一个因买彩票而倒霉的人来。他们一点儿不知道吗？不是的，也许他们自己就连买了好几次都不曾中过，但是这种事实不利于他们，所以他们不高兴留意，也就不容易想起来。即使想起来了，他们总还想着将要到来的一次不会和以前的一样。

确实，在我们的日常生活中，我们喜欢保留在记忆里面的，总是有利于我们的事实。

我们的生活是否应当完全受冷静的、理性的支配？即使应当，究竟有没有这样的可能呢？这都是另外的问题，姑且存而不论。若想科学发达，便要能够应用科学方法去整理每天呈现在我们眼前的事象。

但要想整理事象，第一步就须得先能够将那事象看个明了、透彻。偏见和感情好比是一副有色眼镜，这副眼镜架在鼻梁上面，两眼就没法把外面的真实色相看个明白。所以踏进科学领域的第一步，便是观察和实验，而去观察和实验之前，必得从鼻梁上将那副有色眼镜扯下来。这自然不是一件容易的事，但既需要它，不容易也得干！

观察和实验，说来很简单，只要去看、去实验就好了，但真能做得好，简直可以说科学的领域已踏到了一半。即使我们真能尽量地除去主观的成见和感情，有时因为观察和实验的范围太狭窄了，也一样得不出普遍的、近于真实的结果，容我再来跑一次野马，说一段笑话吧！

从前，有一家的小少爷生了病，要去请医生。因他们家丫鬟的眼睛能够看得见冤鬼，主人家便差了她去。临出门时，嘱咐她见着那医生的后面跟着的冤鬼最少的，便请了他来。丫鬟到街上走来走去，果然见到了一位背后只有一个冤鬼跟着的医生，她就请了他到家里，并且将她所见到的情形背着医生告诉了主人。主人非常高兴，对那医生十二分地尊敬，还和医生谈了不少的话，终于问到他行了几年的医，他的回答是："今天上午刚开始，只医过一个人。"

朋友！这笑话有趣吗？我们研究科学的时候，最痛苦的便是没有看清冤鬼的眼睛，但即使是有，就不会错吗？

我写这篇文章的意思，原不过是想说明我们在日常生活中，容易被眼前的事实欺骗，而忽略了真实的事象。因为一时觉得说起来方便，就借了掷骰子来做例子。然而写到这里觉得这有个大缺点，就是前面说的，都并不是观察和实验的结果，而只是一种原理的演绎。倘使真有人肯去将六个骰子在碗里，掷过几十万次，将每次的情形都记录下来，那个材料在研究上，比这单从理论推演出来的还更有意义些。

自然，我不是说前面的推论还有什么可怀疑的地方，必须要有观察和实验的结果来替它做证！但倘若我们真是要研究别的问题的时候，最好还是从观察和实验做起。依靠现成的理论来演绎，一不小心，我们所依靠的理论就会统治着我们，成为我们的有色眼镜。不是吗？在科学的研究上，归纳法原比演绎法来得重要呀！

什么是归纳法，下次再谈吧！

六　堆罗汉

堆罗汉这种游戏，是学校中所常见到的，这里取它做个例子：从最下排起数上去，每排次第少一个人，直到顶上只有一个人为止。像这类依序相差同样的数的一群数，在数学上我们叫它们等差级数。关于等差级数的计算，本不十分难懂，这里将它放在一边，只讲从1起到某一个数为止的若干个连续整数的和，用式子表示出来就是：

（1）1+2+3+4+5+6+7+……

和这个性质相类似的，还有从1起到某数为止的各整数的平方和、立方和，就是：

（2）$1^2+2^2+3^2+4^2+5^2+6^2+7^2+……$

（3）$1^3+2^3+3^3+4^3+5^3+6^3+7^3+……$

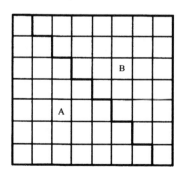

第一图

从第一图看去，这个长方形由 A、B 两块组成，而 B 恰好是 A 的倒置，所以：

A=1+2+3+4+5+6+7

B=7+6+5+4+3+2+1

A、B 的总和是相同的，各等于整个矩形的面积的一半。至于这个矩形的面积，只要将它的长和宽相乘就可得出了。它的长是 7，宽是 7+1，因此面积便是：

$7 \times (7+1)=7 \times 8=56$

而 A 的总和正是这 56 的 $\frac{1}{2}$；由此我们就得出一个式子：

$1+2+3+4+5+6+7=\dfrac{7 \times (7+1)}{2}=\dfrac{7 \times 8}{2}=28$

这个式子推到一般的情形去，就变成了：

$1+2+3+4+\cdots+n=\dfrac{n(n+1)}{2}$

第二、第三个例子，我们也可以用图形来研究它们的结果，不过更繁杂一点儿，但也更有趣味，现在还是分开来讨论吧。

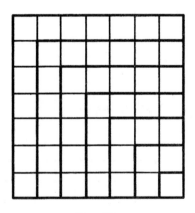

第二图

第二图中，我们注意小方块的数目和大方块的关系，很明白地可以看出来：

$1^2=1$

$2^2=1+3$

$3^2=1+3+5$

$4^2=1+3+5+7$

...

$7^2=1+3+5+7+9+11+13$

若用文字来说明，就是 2 的平方恰等于从 1 起的 2 个连续奇数的和；3 的平方恰等于从 1 起的 3 个连续奇数的和，一直推下去，7 的平方就是从 1 起的 7 个连续奇数的和。所以若要求从 1 到 7 的 7 个数的平方和，只需将上列七个式子的右边相加就可以了。这个法子虽没有什么不合理的地方，毕竟不简便，而且从中要找出一般的式子也不容易，因此我们得另找一条路。

试将各式的右边表示的和，照堆罗汉的形式堆起来，我们就得出第三图的形式（为简便起见，只用 1、2、3、4 四个数）：

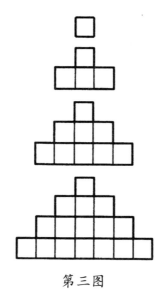

第三图

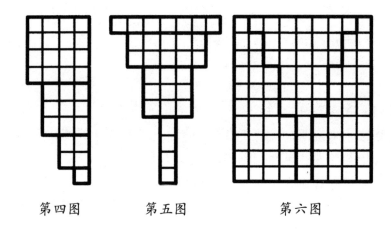

第四图　　　　第五图　　　　　第六图

　　从这几个图，可看出这样的结果：$1^2+2^2+3^2+4^2$ 这个总和当中，有 4 个 1，3 个 3，2 个 5，一个 7。所以我们要求的总和，依前一个形式可以排成第四图，依后一个形式可以排成第五图。把它们比较一下，我们马上就知道若将第四图倒置，拼到第五图，那么右边就没有缺口了；又若将第四图不但倒置而且还翻一个身，拼成第六图，那么，左边也就直了。所以用两个第四图和一个第五图，刚好能够拼成第六图那样的一个矩形。由它，我们就晓得所求的和正是它的面积的 $\frac{1}{3}$。

　　至于这个矩形：它的长是 $1+2+3+4=\frac{4\times(4+1)}{2}=10$，宽却是 $4+1+4=9$。因此，它的面积应当是 $10\times9=90$，而我们所要求的 $1^2+2^2+3^2+4^2$ 的总和应当等于 90 的 $\frac{1}{3}$，那就是 30。按照实际去计算 $1^2+2^2+3^2+4^2=1+4+9+16$，也仍然是 30，可知这个观察没有一丝错误。

　　若要推到一般的情形去，那么，第六图这个矩形的长是：

$$1+2+3+4+\cdots+n=\frac{n(n+1)}{2}$$

而它的宽却是：

$$n+1+n=2n+1$$

所以它的面积就应当是：

$$(1+2+3+4+\cdots+n)(n+1+n)=\frac{n(n+1)(2n+1)}{2}$$

这就可证明：

$$1^2+2^2+3^2+4^2+\cdots+n^2=\frac{n(n+1)(2n+1)}{6}$$

比如，我们要求的是从 1 到 10 十个整数的平方和，n 就等于 10，这个和便是：

$$\frac{10\times(10+1)\times(2\times10+1)}{6}=\frac{10\times11\times21}{6}=385$$

说到第三个例子，因为是数的立方的关系，照通常的想法，只能用立体图形来表示；但若将乘法的意义加以注意，要用平面图形来表示一个立方，也不是全然不可能的。先从 2^3 说起，按照原来的意思本是 3 个 2 相乘，若用式子写出，那就是 $2\times2\times2$。这个式子我们也可以想象成 $(2\times2)\times2$，这就可以认为它所表示的是 2 个 2 的平方的意思，可以画成第七图的 A，再将形式变化一下，可得出第七图的 B。

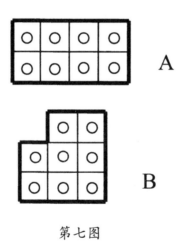

第七图

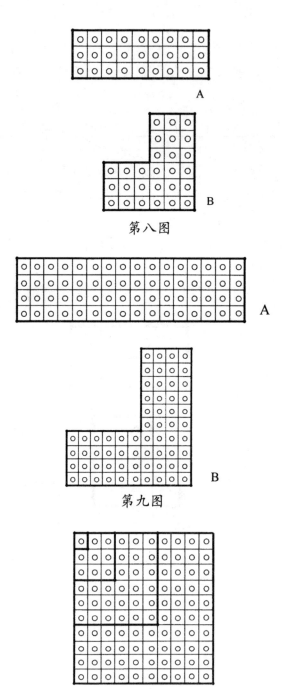

第八图

第九图

第十图

同样，3^3 可以用第八图的 A 或 B 表示，而 4^3 可以用第九图的 A 或 B 表示。

仔细观察一下第七、八、九图的 B，我们得出下面的关系：

第七图的 B 的缺口恰好是 1^2，但 1^3 和 1^2，我们用同一形式表示，在意义上没有很大的差别，所以 1^3 刚好可以填 2^3 的缺口。

第八图 B 的缺口，每边都是 3，这和第七图 B 的外边相等，可知 1^3 和 2^3 一起，又正好可将它填满。

最后，第九图的 B 的缺口每边都是 6，又恰等于第八图的 B 的外边。因此 1^3、2^3 和 3^3 并在一起，也能将它填好，按照这个填法，我们便得到第十图，它恰巧是 $1^3+2^3+3^3+4^3$ 的总和。

从另一方面说来，第十图只是一个正方形，每边的长都等于：

$1+2+3+4$

所以它的面积应当是 $(1+2+3+4)$ 的平方，因此我们就证明了下面的式子：

$1^3+2^3+3^3+4^3=(1+2+3+4)^2$

但这式子右边括号里的数，照第一个例子应当等于：

$$1+2+3+4=\frac{4\times(4+1)}{2}=10$$

因此：

$$1^3+2^3+3^3+4^3=(1+2+3+4)^2=\left[\frac{4\times(4+1)}{2}\right]^2=10^2=100$$

推到一般的情形去：

$$1^3+2^3+3^3+4^3+\cdots+n^3=(1+2+3+4+\cdots+n)^2=\left[\frac{n\times(n+1)}{2}\right]^2$$

上面的三个例子，我们都只是凭了几个很小的数目的观察，便推到了一般的情形去，而得出一个含有 n 的公式，n 代表任何整数。这个推证究竟可靠不可靠呢？换句话说，就是我们的推证有没有别的根据呢？就实际的情形来看，我们已得出的三个公式都是对的。但它的对不对是一个问题，我们的推证法可靠不可靠又是一个问题。

我来另举一个例子。比如 11，它的平方是 121，立方是 1331，四次方是 14641。从这几个数，我们可以看出三个法则：第一，这些数排列起来，对于中点来说，都是对称的；第二，第一位和末一位都是 1；

第三，第二位和倒数第二位都等于乘方的次数。依这个观察的结果，我们可不可以说 11 的 n 次方便是 1n⋯n1 呢？要下这个判断，我们无妨再举出一个次数比 4 还高的乘方来看，最简便的自然就是 5。11 的 5 乘方，照实际计算的结果是 161051，上面的三个条件，只有第二个还存在，若再乘到 8 次方，结果是 214358881，就连第二个条件也不存在了。

由这个例子，可以看出来，单只就几个很小的数的变化观察得到的结果，便推到一般情形去，不一定可靠。在这个理由的下面，我们就不得不怀疑我们前面所得出的三个公式。倘使没有别的方法去证明，在那三个例子中是有特殊的情形可以用那样的推证法，那么，我们宁愿去找另外的一条路来解决。

是的，前面所得出的三个公式很值得怀疑，但我们也并非毫无根据。第一个式子最少到了 7 是对的，第二、第三个式子最少到了 4 也是对的。我们若耐心地接着再试验下去，可以看出来，就是到 8、到 9、到 100，乃至到 1000 都是对的。但这样的试验，一来未免笨拙，二来无论试验到什么数，我们总是一样不能够保证那公式便有了一般性，为此我们只得舍去了这种逐步试验的方法。

我们虽怀疑那公式的一般性，但无妨"假定"它的形式是对的，再来加以检查，为了便利，容我在此重写一次：

（一）$1+2+3+\cdots+n=\dfrac{n(n+1)}{2}$

（二）$1^2+2^2+3^2+\cdots+n^2=\dfrac{n(n+1)(2n+1)}{6}$

（三）$1^3+2^3+3^3+\cdots+n^3=\left[\dfrac{n(n+1)}{2}\right]^2$

在这三个式子中，我们说 n 是代表一个整数。那么 n 以下的一个整数就应当是 n+1。假定这三个式子是对的，我们试来看看，当 n 变成 n+1 的时候是不是还对，这自然是只就式子的"形式"去考查，但这种考查我们用不着怀疑，在某种意义上，数学便是符号的科学，也就是形式的科学。

所谓 n 变到 n+1，就无异于说，在各式的两边都加上一个 n+1 项，照下面的程序计算：

（一）$1+2+3+\cdots+n+(n+1)=\dfrac{n(n+1)}{2}+(n+1)$

$$=\dfrac{n(n+1)+2(n+1)}{2}$$

$$=\dfrac{(n+1)(n+2)}{2}$$

$$=\dfrac{(n+1)(\overline{n+1}+1)}{2}$$

（二）$1^2+2^2+3^2+\cdots+n^2+(n+1)^2=\dfrac{n(n+1)(2n+1)}{6}+(n+1)^2$

$$=\dfrac{n(n+1)(2n+1)+6(n+1)^2}{6}$$

$$=\dfrac{(n+1)(n+2)(2n+3)}{6}$$

$$=\dfrac{(n+1)(\overline{n+1}+1)(\overline{2(n+1)}+1)}{6}$$

（三）$1^3+2^3+3^3+\cdots+n^3+(n+1)^3=\left[\dfrac{n(n+1)}{2}\right]^2+(n+1)^3$

$$=\dfrac{n^2(n+1)^2}{4}+(n+1)^3$$

$$=\dfrac{n^2(n+1)^2+4(n+1)^3}{4}$$

$$=\dfrac{(n+1)^2(n^2+4n+4)}{4}$$

$$=\dfrac{(n+1)^2(n+2)^2}{4}$$

$$=\dfrac{(\overline{n+1})^2(\overline{n+1}+1)^2}{4}$$

$$=\left[\dfrac{(n+1)(\overline{n+1}+1)}{2}\right]^2$$

从这三个式子的最后结果看去，和我们所假定的式子，除了 n 改成 n+1 以外，形式全然相同，因此，我们得出一个极重要的结论：

"倘使我们的式子对于某一个整数，例如 n，是对的，那么对于这个整数的下一个整数，例如 (n+1)，也是对的。"

事实上，我们已经观察出来了，这三个式子至少对于 4 都是对的。运用这个结论，我们无须再试验，也就有理由可以断定它们对于 5(4+1) 都是对的。既然对于 5 对了，那么同一理由，对于 6(5+1) 也是对的，再推下去就对于 7(6+1)、8(7+1)、9(8+1)……都是对的。

到了这里，我们就有理由承认这三个式子的一般性，再不容怀疑了。

这种证明法，我们叫它是数学的归纳法。

数学上常用的多是演绎法，关于堆罗汉这类级数的公式，算术上的证明法也就是演绎法，为了便于比较，也将它写出。本来：

$S=1+2+3+\cdots+(n-2)+(n-1)+n$

若将这式子右边各项的顺序颠倒，就得

$S=n+(n-1)+(n-2)+\cdots+3+2+1$

再将两式相加，我们便得出下面的式子：

$2S=[1+n]+[2+(n-1)]+[3+(n-2)]+\cdots+[(n-2)+3]+[(n-1)+2]+[n+1]$

$=[n+1]+[n+1]+[n+1]+\cdots+[n+1]+[n+1]+[n+1]$

$= n(n+1)$

两边再用 2 去除，于是：

$$S= \frac{n(n+1)}{2}$$

这个式子和前面所得出来的完全一样，所以一点儿也不用怀疑，不过我们所用的方法究竟可靠不可靠，也得注意。

一般来说，演绎法总不大稳当，因为它的基础是建筑在一些更普遍的法则上面，倘使这些被它所凭借的、更普遍的法则当中，有几个或一个根本就不大稳固，那不是将有全盘动摇的危险吗？比如这个证明，第一步，将式子左边各项的顺序颠倒，这是根据一个更普遍的法则，叫作"交换定则"的。然而交换定则在一般情形下固然可以运用无误，但在特殊的情形时，并非毫无问题。所以假如我们肯追根究底的话，这个证明法可以适用交换定则，也得另有根据。至于证明的第二、第三步，都是依据了数学上的公理，公理虽则没有什么证明做保障，但不容许怀疑，这可不必管它。

归纳法既比演绎法来得可靠，我们无妨再来探究一下。前面我们所用过的步骤，归纳起来有四个：

（一）就少数的数目来观察出一个共通的形式；

（二）将这形式推到一般去，假定它是对的；

（三）考证这假定的形式，是否再能往前推去；

（四）如果考证的结果是肯定的，那么我们的假定就可认为合于事实了。

前面我们曾经说过：

$1^2=1$

$2^2=1+3$

$3^2=1+3+5$

$4^2=1+3+5+7$

由这几个式子我们知道：

$1=1^2$

$1+3=2^2$

$1+3+5=3^2$

$1+3+5+7=4^2$

观察这四个式子，我们可以得出一个共通的形式，就是：左边是从1起的连续奇数的和，右边是这和所含奇数的"个数"的平方。

将这形式推到一般去，假定它是对的，那就得出：

$1+3+5+\cdots+(2n-1)=n^2$

到了这一步，我们就要来考证一下，这形式再往前推一个奇数究竟对不对了。我们在式子的两边同时加上 $(2n-1)$ 下面的一个奇数 $(2n+1)$，于是：

$1+3+5+\cdots+(2n-1)+(2n+1)$

$=n^2+(2n+1)=n^2+2n+1=(n+1)^2$

从这结果，可知我们的假定如果对于 n 是对的，那么对于 $(n+1)$ 也是对的。依我们的观察，假设 n 等于 1、2、3、4 的时候都是对的，所以对于 5，对于 6，对于 7、8、9……一步一步地往前推都是对的，可认为我们的假定符合事实。

将数学的归纳法和一般的归纳法两相比较，这是一个很有趣味的问题。大体说来，它们并没有什么根本的差异，我们无妨说数学的归纳法是一般归纳法的一个特殊形式，试从我们所取的步骤来比较一下。

第一步，在它们当中，都离不了观察和实验，而观察和实验的对象也都是一些特殊的事实。在我们前面所举的例子当中，似乎只用到观察，并没有经过什么实验。在事实上，我们所研究的对象，有些固然是无法去实验，只得单凭观察去探究的，不过这是另外一个问题。若就过程上说，我们所举的例子的第一步当中，也不是全然没有实验的意味。比如最后一个例子，我们从 $1=1^2$ 这个式子是什么意义也发现不出来的，于是我们只好去看第二个式子 $1+3=2^2$，就这个式子来说，我们有许多的假定能够得出来。前面所用过的，说左边要乘方的 2 就是表示右边的项数，这自然是其中的一个。但我们也可以说，那指数 2 才是表示右边的项数。我们还可以说，左边要乘方的 2 是右边的末一项减去 1。像这类的假定可以找出不少，至于这些假定当中哪一个近于真实些，那就不得不用别的方法来证明了。到了这一步，我们无妨用各个假设到第三、第四个式子去试验一下，便可看出，只有我们所用过的那一个是合于实际的。一般的归纳法，最初也是这样下手，将我们所要研究的对象尽量收集起来，仔细地去观察，遇着必要且可能的时候，小心地去实验。由这一步，我们就可以看出一些共同的现象来。

至于这些现象，它们是从什么原因产生的？它们会生出什么结果？或是它们当中有什么关联？对此，我们往往可以提出若干假定来。正和我们上一节所说的相同，在这些假定当中，自然免不了有一部分是根基极不稳固的，只要凭一些仔细的观察或实验就可推翻。对于这些，自然在这第一步我们就可以将它们弃掉了。

第二步，数学的归纳法，是将我们所观察得到的形式推到一般去，假定它是真实的。至于一般的归纳法，因为它所研究的并不一定只是一个形式的问题，所以推到一般情形去的话很难照样应用。虽是这样，精神却没有什么不同，我们就是将自己观察和实验的结果综合起来，提出一些较普遍的假设。

有了这个假设，进一步自然是要考证它们。在数学的归纳法上，如前面所说过的，比较简单，只需将所假定的一般式子当中的 n 推到 n+1 就够了。而在一般的归纳法中，却没有这种便宜可讨。到了这境地，我们就得利用演绎法，把我们的假定当作大前题，推测它们对于某种特殊的事象，应当发生什么结果。

这结果究竟会不会有呢？这又得靠观察和实验来证明了。经过若干的观察或实验，假如都证明了我们的推测是不爽分毫的，那么，我们的假定就有了保障，成为一个定理或定律。许多大科学家往往能令我们起敬、吃惊，有时他们简直好像一个大预言家，就是他们的假定的基础很稳固，所以推测的结果也能符合事实的缘故。

在这里，有一点须得补说明白，若我们先提出的假设不止一个，那么依据各个假设都可得出些推测的结果来，在我们没有别的事实来证明的时候，它们彼此之间绝对没有什么价值的高低可说。但到了事实出来做最后的证人时，自然"最多"只有一个假定的推测可以胜诉。换句话说，也就"最多"只有一个假定是对的了。为什么我还要说"最多"只有一个呢？因为有些时候，我们所提出的假设也许全都不对。

一般的归纳法，应用起来虽不容易，但原理却不过如此。我们经过了上面所说的步骤，结果都很好，自然我们就可得出些定理或定律来。不过有一点须得注意：我们在一切的过程中，无论多么小心谨慎，毕竟我们的能力有限，所能涉及的领域终究不是全体。因此我们证明为对的假定，即使当成定理或定律来应用，我们还得虚心，应当常常想到，也许有新的，我们以前所不曾注意到的现象出来否定它。

我们应当承认："科学只能诊断事实，不能否定事实。"

这句话是什么意思呢？

科学本来只是从事实中去寻找出法则来，若有了一个法则，遇着和它抵触的事实，便武断地将这事实否定，这只是自欺欺人。因为事实的存在，并不能由我们空口无凭地否认，便烟消云散的。

事实和理论不相符合，可以说有两个来源：一个是我们所见到的事实，并非是真的事实。换句话说，就是我们对于那事实的一切认识未必真切明晰。

还有一个来源，便是科学原理本身有缺点。

所谓科学诊断事实，就是：第一，是诊断事实的真伪；第二，倘使诊断出它是真实的，那就进一步给它找合理的说明。所以科学的精神，最根本的是不武断、不盲从！

科学的态度，就是要虚心地去用科学的方法。

七　八仙过海

　　"八仙过海"只是一个游戏，我们只能在游戏场中碰着它，学校里的教科书上是没有的。

　　我不知道你碰到过这个游戏没有，为了说起来方便，还是先将它的规则说明一番。

　　一个人将八个钱币分上下两排排在桌上，叫你看准一个记在心头。他将钱币收起，重新排过，仍是上下两排，又叫你看定你前次所认准的那一个在哪一排，将它记住。他再将钱币收起，又重新排成两排，这回他叫你看，并且叫你告诉他，你所看准的那一个钱币，在这三次位置的上下。比如你和他说"上下下"，他就将下一排的第二个指给你。你虽觉得有点奇异，想和他抵赖，可是你的脸色也不肯替你隐瞒了。这个游戏就是"八仙过海"。这个人为什么会有这样的本领呢？你会疑心他是偶然猜中的，然而再来一次、两次、三次，他总不会失败，这当然不是偶然了。你又会疑心他每次都在注意你的眼睛，但是我告诉你，他哪有这么大的本领，你只眼睛一瞥，他就会看准了你所认定的那个钱呢？你又将以为他能隔着皮肉看透你心上的影子，但是除了这一个游戏，别的他为什么又看不透呢？

　　这游戏的奥妙究竟在哪里？朋友，你既喜欢和数学亲近，大概总想受点科学的洗礼的。那么，我告诉你，宇宙间没有什么是神妙的。"八仙过海"不过是人想出来的游戏，何必对它惊奇呢？你若不相信，我就把玩法告诉你，很快你就会了。

这玩法有两种：一种姑且说是非科学的，还有一种是科学的。前一种比较容易，但是也就容易被人看破，似乎未免难堪。后一种却较为"神秘"些。

```
D C B A  上
H G F E  下
```

第一图

先来说第一种。你将八个钱币分成上下两排，照第一图排好，便叫你想寻开心的人心里认定一个，告诉你它在上一排或是下一排。

第二图　　　　　　　　第三图

譬如他回答你是"上"，那么你顺次将上一排的四个收起，再收下一排的。然后你将收在手里的一墩钱（注意，是一墩，你弄乱了那就要垮台了），上一个下一个地再摆作两排，如第二图。你将两图比较起来看，第一图中上一排的四个，到第二图分成上下各两个了。你再问他所认定的这次在哪一排。譬如他的回答是"下"，那么第一次在上这一次在下的只有 B 和 D，你就先将这两个收起，再胡乱去收其余的六个，又照第二次的方法排成上下两排，如第三图。在这图里 B 和 D 已各在一排，你再问他，若他说"上"，那他所认定的就是 B，反过来，他若说"下"，当然就是 D 了。

你看这三个图，我在第二图有四个圈没写字，在第三图更多两个，这不是我忘了，也不是懒，空圈只是表示它们的位置没有什么关系。

其实这种玩法道理很简单，就是第二回留一半在原位置，第三回留下一半的一半在原位置。四个的一半是二，两个的一半是一，这还有什么猜不着呢？

我不是说这种方法是非科学的吗？因为它实在没有什么一定的方式，

不但 A、B、C、D 在第二图可随意平分排在上下两排，而且还不一定要排在右边四个位置，只要你自己记得清楚就好了。举个例子说，譬如你第一次将钱币收在手里的时候是这样一个顺序：A、B、E、F、G、H、C、D，你就可以排成第四图（样子很多，这里不过随便举出两种），无论在哪一种里，其目的总是把 A、B、C、D 平分成两排。同样的道理，第三图的变化也很多。

```
D C H G  上
F E B A  下
或
B F H D
A E G C
或……
```

第四图

　　老老实实地说，这一种玩法简直无异于这样：你的两只手里各拿着四个钱币，先问别人所要的在哪一只手，他若说"右"，你就将左手的甩掉，从右手分两个过去，再问他一次，他若说"左"，你又把右手的两个丢开，从左手分一个过去，再问他所要的在哪只手。朋友，你说可笑不可笑，你左手、右手都只有一个钱币了，他对你说明在左在右，还用你猜吗？

　　现在来说第二种。

　　第二种和第一种的不同，就是钱币的三次位置，别人是在最后一次才一口气说出来的，这倒需要有点儿硬功夫。我还是先将玩法叙述一下吧。第一次排成第五图的样子，其实就是第一图，"上下"指的是排数，"1、2…8"是钱币的位置。

　　你叫别人认定并且记好了上下，就将钱收起，照 1、2、3、4、5、6、7、8 的顺序收，不可弄乱。

　　收好以后，你就从左到右先排下一排，后排上一排，排成第六图的样子。

$$\overset{7\ 5\ 3\ 1}{\text{D C H G}}\ 上\qquad \overset{7\ 5\ 3\ 1}{\text{F B E A}}$$

$$\overset{8\ 6\ 4\ 2}{\text{D C H G}}\ 下\qquad \overset{8\ 6\ 4\ 2}{\text{H D G C}}$$

第五图　　　　　　第六图

别人看好以后，你再照 1、2、3、4、5……的次序收起，照同样的方法仍然从左到右先排下一排，再排上一排，这就成了第七图的样子。

$$\overset{7\ 5\ 3\ 1}{\text{G E C A}}$$

$$\overset{8\ 6\ 4\ 2}{\text{H F D B}}$$

第七图

在这么一回若他说出来的是"上下下"，那就是下一排的第二个，若他说"下下下"，那就是下一排的第四个。

为什么是这样呢？

朋友，因为摆放成功就是那样的，我们无妨将八个钱币三次的位置都来看一下：

A——上上上	B——上上下
C——上下上	D——上下下
E——下上上	F——下上下
G——下下上	H——下下下

这样看起来，A、B、C、D……八个钱币三次的位置没有一个相同，所以无论他说哪一个你都可以指出来。

朋友，这次你该明白了吧？不过你还不要太高兴，我这段"八仙过海指南"还没有完呢，而且所差的还是很重要的一个"秘诀"。你难道不会想 A、B、C、D……这几个字只有这图上有，平常的钱币没有刻上它们吗？即使你另有八个记号，你要记清楚上上上是 A，下下下是 H……

也是够辛苦的了。在这里用得到的"秘诀"就是八个中国字："王、元、平、求、半、米、斗、非。"这八个字，马虎点儿说，都可分成三段，若某一段中含有一横那就算表示"上"，不是一横便表示"下"。所以王字是上上上，元字是上上下……我们可以将这八个字和第七图相对顺次排成第八图的样子：

^{7}G ^{5}E ^{3}C ^{1}A 上

斗 半 平 王

下 下 上 上

下 上 下 上

上 上 上 上

^{8}H ^{6}F ^{4}D ^{2}B 下

非 米 求 元

下 下 上 上

下 上 下 上

下 下 下 下

第八图

由第八图就可看明白，你只要记清楚王、元、平、求……的位置顺序和各个字所代表的三次位置的变化，别人说出他的答案以后，你口中暗数应当是第几个就行了。譬如别人说下上上，那么应当是"半"字，在第五位；若他说上下上，应当是"平"字，在第三位。这不就可以瓮中捉鳖了吗？

暂时我们还不说到数学上面去。我且问你，这个游戏是不是限定要八个钱币，不能少也不能多？是的，为什么？假如不是，又为什么？"是"或"不是"很容易说出口，不过学科学的人第一要紧的是既然下个判断，就得说出理由来。

经我这样板了面孔地问，朋友，你也有点儿踌躇了吧？大胆一儿点，先回答一个"是"字。真的，顾名思义，"八仙过海"当然一共要八个，不许多也不许少。

为什么？

因为分上下排，只排三次，位置的变化一共有八个，而且也只有八个，所以钱币少了就有空位置，钱币多了就有变化重复的。

怎样知道位置的变化一共有八个，而且只有八个呢？

不错，这就是我们应当注意到的问题的核心。但是我现在还不能回答这个，且把问题再来梳理一回。

"八仙过海"这个游戏一共有下面几个条件：

（1）八个钱币；

（2）分上下两排摆放；

（3）前后一共排三次；

（4）收钱币的顺序是照直行由上至下，从第一行起；

（5）摆钱币的顺序是照横排由左至右，从下一排起。

其中（4）（5）是排的步骤，（1）（2）（3）都直接和数学相关联。前面已经回答过了，倘使（2）（3）不变，（1）的数目也不能变。那么，假如（2）或（3）改变一下，（1）的数目将怎样呢？

我简单地回答你，（1）的数目也就跟着要变。换句话说，就是若排数加多"（2）变"或是排的次数加多"（3）变"，所需要的钱币就不止八个，不然便有空位要留出来。

先假定排成三排，那我告诉你，就要二十七个钱币，因为上、中、下三个位置三次可以排出二十七个花样。你不信吗？请看下图：

$$9 \quad 8 \quad 7 \quad 6 \quad 5 \quad 4 \quad 3 \quad 2 \quad 1 \quad 上$$
$$18 \quad 17 \quad 16 \quad 15 \quad 14 \quad 13 \quad 12 \quad 11 \quad 10 \quad 中$$
$$27 \quad 26 \quad 25 \quad 24 \quad 23 \quad 22 \quad 21 \quad 20 \quad 19 \quad 下$$

第九图

```
21  12   3  20  11   2  19  10   1   上
24  15   6  23  14   5  22  13   4   中
27  18   9  26  17   8  25  16   7   下
```

第十图

```
25  22  19  16  13  10   7   4   1   上
26  23  20  17  14  11   8   5   2   中
27  24  21  18  15  12   9   6   3   下
```

第十一图

　　第九图本来是任意摆的，不过为了说明方便，所以假定了一个从（1）到（27）的顺序。

　　从第九图照（4）（5）两步骤，就可摆成第十图。

　　从第十图再照（4）（5）两步骤，就可摆成第十一图。

　　现在我们来猜了。

　　甲说"上中下"——他认定的是6；

　　乙说"中下上"——他看准的是16；

　　丙说"下上中"——他瞄着的是20；

　　丁说"中中中"——他注视的是14；

　　……

　　一共二十七个钱币，无论别人看定的是哪一个，只要他没有把三次的位置记错或说错，都可以拿出来。

　　这更奇妙了，又有什么秘诀呢？

　　没有，没有，真的没有。"八仙过海"的秘诀不过比一定的法则更灵动些，所以才用得着。现在要找二十七个字可以代表上、中、下的位置变化，实在没这般凑巧，即使有，记起来也一定不方便。那么，怎样找出别人认准的钱币来呢？

好，你要想晓得，那我们就来仔细地考察第十一图，我将它画成第十二图的样子。

```
25 22 19 | 16 13 10 | 7 4 1   上
26 23 20 | 17 14 11 | 8 5 2   中
27 24 21 | 18 15 12 | 9 6 3   下
   下         中         上
下 中 上   下 中 上   下 中 上
```

第十二图

图中分成三大段，你仔细看：右起第一段的九个是 1 到 9，在第九图中，恰好都在上一排，所以我在它的下面写个大的"上"字；右起第二段的九个是 10 到 18，在第九图中恰好都在中一排，所以下面写个大的"中"字；右起第三段的九个是从 19 到 27，在第九图中恰好都是下一排，所以用一个大的"下"字指明白。

你再由各段中看右起第一列，它们在第十图中都是站在上一排；各段中的右起第二列，在第十图中都站在中一排；而各段的右起第三列，在第十图中都站在下一排。

这样你总该明白了。甲说"上中下"，第一次是上，所以应当在第一段；第二次是中，所以应当在第一段的第二列；第三次是下，应当在第一段第二行的下一排，那不是 6 吗？

又如乙说"中下上"，第一次是中，应当在第二段；第二次是下，应当在第二段的第三列；第三次是上，应当在第二段第三列的上一排，那不就是 16 吗？

你再将丙、丁……所说的去检查看。

明白了这个法则的来源和结果，依样画葫芦，无论排几排都可以，肯定成功，而且找法也和三排的一样。例如我们排成四排，那就要六十四个钱币，我只将图画在下面，供你参考，说明呢，就不再重复了。至于五排、六排、十排、二十排都可照推，你无妨自己画几个图去看。

一	1	2	3	4	5	6	7	8	9	10	11	12	13	14	15	16
二	17	18	19	20	21	22	23	24	25	26	27	28	29	30	31	32
三	33	34	35	36	37	38	39	40	41	42	43	44	45	46	47	48
四	49	50	51	52	53	54	55	56	57	58	59	60	61	62	63	64

第十三图

一	1	17	33	49	2	18	34	50	3	19	35	51	4	20	36	52
二	5	21	37	53	6	22	38	54	7	23	39	55	8	24	40	56
三	9	25	41	57	10	26	42	58	11	27	43	59	12	28	44	60
四	13	29	45	61	14	30	46	62	15	31	47	63	16	32	48	64

第十四图

一	1 5 9 13	17 21 25 29	33 37 41 45	49 53 57 61
二	2 6 10 14	18 22 26 30	34 38 42 46	50 54 58 62
三	3 7 11 15	19 23 27 31	35 39 43 47	51 55 59 63
四	4 8 12 16	20 24 28 32	36 40 44 48	52 56 60 64
	一	二	三	四
	一 二 三 四	一 二 三 四	一 二 三 四	一 二 三 四

第十五图

譬如有人说"二四三"，那么他看定的钱币在第十五图中的左起第二段第四列第三排，就是31；若他说"四三一"，那就应当在第十五图中的左起第四段第三列第一排，他所注视的是57。

上面讲的是排数增加，排的次数不变；现在我们假定排数不变，排的次数变更，再看有什么变化。我们就限定只有上下两行排。

第一步，譬如只排一次，那么这很明白的，只能用两个钱币，三个就无法猜了。

若排两次呢，那就用四个钱币，它的变化如下：

```
2 1 上      3 │ 1      上
4 3 下      4 │ 2      下
           下 │ 上
```

第十六图　　　　第十七图

它的变化是：

1——上　上

2——上　下

3——下　上

4——下　下

三次就是"八仙过海"，不用再说。譬如排四次呢，那就用十六个钱币，排法和上面说过的一样，变化的图如下：

```
8   7   6   5   4   3   2   1    上
16  15  14  13  12  11  10  9    下
```

第十八图

```
12  4   11  3   10  2   9   1     上
16  8   15  7   14  6   13  5     下
```

第十九图

```
14  10  6   2   13  9   5   1     上
16  12  8   4   15  11  7   3     下
```

第二十图

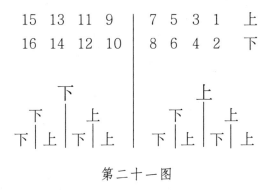

第二十一图

例如有人认定的钱币的四次的位置是"上下下上"，那应当在第二十一图中的右起第一段第二分段第二列的上排，是7；又如另有一个人说他认定的钱的位置是"下下上上，"那就应当在第二十一图中的右起第二段第二分段第一列的上一排，便是13。

照推下去，五次要用三十二个钱币，六次要用六十四个钱币……喜欢玩的朋友无妨当作消遣去试试看。

总结一下：前面说"八仙过海"的五个条件，由这些例子看起来，第一个是跟着第二、第三个变的。至于第四、第五个关于步骤的条件，和前三个都没有什么直接关系。它们也可以变更。例如（4）我们也可以由下而上，或从末一行起；而（5）也可以由右至左从第一排起。不过这么一来，所得的最后结果形式稍有点两样罢了。

从我们所举过的例子来看，钱的数目是这样：

（1）分两排：

①排一次——2个

②排二次——4个

③排三次——8个

④排四次——16个

（2）分三排：

①排一次——3个（我们可以想得到的）

②排二次——？个（请你先想想看）

③排三次——27 个

④排四次——? 个

（4）分四排：

①排一次——4 个（我们可以想得到的）

②排二次——? 个

③排三次——64 个

④排四次——? 个

这次却真到了底，我们要解决的问题是：

"分多少排，一共排若干次，究竟要多少钱币，而且只能要多少钱币？"

上面举出的钱的数目，在那例子中都是必要而且充足的，说得明白点，就是多不得少也不行。我们怎样回答上面的问题呢？假如你只要一个答案就满足，那么是这样的，设排数是 a，排的次数是 x，钱数是 y，这三个数的关系如下：

$$y=a^x$$

我们试将前面已讲的例子代进去，看一看这个话是否靠得住：

（1）① a=2，x=1， ∴ $y=2^1=2$

② a=2，x=2， ∴ $y=2^2=4$

③ a=2，x=3， ∴ $y=2^3=8$

④ a=2，x=4， ∴ $y=2^4=16$

（2）① a=3，x=1， ∴ $y=3^1=3$

② a=3，x=2， ∴ $y=3^2=9$ （对吗？）

③ a=3，x=3， ∴ $y=3^3=27$

④ a=3，x=4， ∴ $y=3^4=81$ （？）

（3）① a=4，x=1， ∴ $y=4^1=4$

② a=4，x=2， ∴ $y=4^2=16$ （？）

③ a=4，x=3， ∴ $y=4^3=64$

④ a=4，x=4， ∴ $y=4^4=256$ （？）

照这个结果来看，我们所用过的例子都合得上，那个回答大概总有些可靠了。就是几个不曾试过的数，想起来也还不至于错误。不过单是这样还不行，别人总得问我们要理由。此刻是无可延宕，只得找出理由来。

真要理由的话，就是将我们所用过的例子合在一起用了脑力去想，一定可以想得出来的。不过，这实在大可不必，有别人的现成架子可以装得上去时，直接痛快地装上去多么爽气。那么，在数学中可以找到这一栏吗？

可以。那就是顺列法，我们就来说顺列法吧。

先说什么叫顺列法。

有几个不相同的东西，譬如 A、B、C、D……几个字母，将它们的次序颠来倒去地排，计算这排得出的花样的数目，这种方法就叫顺列法。

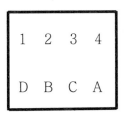

第二十二图

顺列法的计算本来比较复杂，而且一不小心就容易弄错。要详细地了解，自然你只好去读教科书或是去请教你的数学教师。这里不过说着玩玩儿，只得限于基本的几个法则了。

第一，我们来讲全体的、不重复的顺列。譬如有 A、B、C、D 四个字母，我们一齐将它们拿出来排，这叫全体的顺列。所谓不重复，就是每个字母在一种排法中只需用一回，就好像甲、乙、丙、丁四个人排座位一样，甲既然坐了第一位，其余的三位当然不能再坐甲的座位了。

要计算 A、B、C、D 这种排列法，我们先假定有四个位置在一条直线上，譬如是桌上画的四个位置，A、B、C、D 是写在四个钱币上的。

第一步，我们来就第一个位置想。A、B、C、D 四个钱币都没有排上去，所以我们无论放哪一个钱币进去都行。这就可以知道，第一个位置有 4 种排法。我们取一个钱币放到了 1，那就只剩三个位置和三个钱币了，这就跟着来摆第二个位置。

外面剩的钱币还有三个，第二个位置无论用这三个当中的哪一个去填它都是一样的。这就可以知道第二个位置有 3 种排法。当第二个位置也有一个钱币将它占领时，桌子上只剩两个位置，外边只剩两个钱币了。

第三个位置因为只有两个钱币剩在外面，所以填进去的方法也只有 2 个。

当第三个位置也被一个钱币占领了时，桌上只有一个空位，外面只有一个钱币，所以第四个位置的排法便只有 1 个。

为了容易弄清楚，我们还是不怕麻烦地来画一个图。

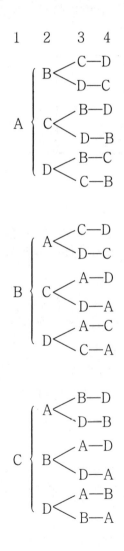

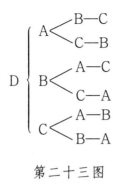

第二十三图

仔细观察第二十三图第一位，无论是 A、B、C、D 四个当中的哪一个，第二位都有三个排法，所以第一、第二位合在一起共有的排法是：

4×3

而第二位无论是 A、B、C、D 中的哪一个，第三位都有两个排法，所以一、二、三，三个位置连在一起算，一共的排法是：

$4 \times 3 \times 2$

至于第四位，跟着第三位来已经是定了，只有一个方法；因此四个位置一共的排法是：

$4 \times 3 \times 2 \times 1 = 24$

我们由图上去看，恰好一共是二十四排。

假如桌上有五个位置，外面有五个钱币呢？那么第一个位置照前面说过的有 5 个排法，第一个位置排定以后，下面剩四个位置和四个钱币，它们的排法便和前面说过的一样了，所以五个位置五个钱币的排法是：

$5 \times 4 \times 3 \times 2 \times 1 = 120$

前面是从 1 起将连续的整数相乘一直乘到 4，这里是从 1 起乘到 5。假如有六个位置和六个钱币，同样我们很容易知道是从 1 起将连续的整数相乘一直乘到 6 为止，就是：

$6 \times 5 \times 4 \times 3 \times 2 \times 1 = 720$

譬如有八个人坐在一张八仙桌上吃饭，那么他们的坐法便有 40320

种，因为：

$8 \times 7 \times 6 \times 5 \times 4 \times 3 \times 2 \times 1 = 40320$

你家请客常常碰到客人推让座位吗？真叫他们推来推去，这 40320 种排法，从天亮到天黑也推让不完呢。

一般的法则，假设位置是 n 个，钱也是 n 个，它们的排法便是：

$n \times (n-1) \times (n-2) \times \cdots \times 5 \times 4 \times 3 \times 2 \times 1$

这样写起来太不方便了，不是吗？在数学上，对于这种从 1 起到 n 为止的 n 个连续整数相乘的情形，给它起一个名字叫"n 的阶乘"，又用一个符号来代表它，就是 n!，用式子写出来便是：

n 的阶乘 $= n! = n \times (n-1) \times (n-2) \times \cdots \times 5 \times 4 \times 3 \times 2 \times 1$

所以 8 的阶乘 $= 8! = 8 \times 7 \times 6 \times 5 \times 4 \times 3 \times 2 \times 1 = 40320$

6 的阶乘 $= 6! = 6 \times 5 \times 4 \times 3 \times 2 \times 1 = 720$

5 的阶乘 $= 5! = 5 \times 4 \times 3 \times 2 \times 1 = 120$

4 的阶乘 $= 4! = 4 \times 3 \times 2 \times 1 = 24$

3 的阶乘 $= 3! = 3 \times 2 \times 1 = 6$

2 的阶乘 $= 2! = 2 \times 1 = 2$

1 的阶乘 $= 1! = 1$

有了这个新的名词和新的符号，我们说起来就方便了！

"n 个东西全体不重复的排列就等于 n 的阶乘 n!"

但在平常我们排列东西的时候，往往遇着位置少而东西多的情形。举个从前衙门的例子，譬如你有一位朋友，当上了某县的县长。这时你跑去向他贺喜，却发现他的脸孔上直一条横一条的喜纹当中还夹着正一条歪一条的愁纹。你若问他愁什么，他定会告诉你，一个衙门里不过三个科长、六个科员、两个书记，荐人来的字条倒有三四十张，这实在难以安排。

譬如你那朋友接的字条当中只有十张是要当科长的，而科长的位置一共是三个，他有多少种安排法呢？这就归到第二种的顺列法。

第二，我们来讲部分的、不重复的顺列法。因为粥少僧多，所以只有一部分人的字条有效。因为没有哪个人这般傻气，肯吃一个人的饭做两个人的事，所以排起来不重复。

从十张字条上的人当中抽出三个来，分担第一、第二、第三科的科长，这有多少法子呢？

朋友，你对于第一个法子若真是明白了，这一个是很容易的。

第一科科长没有敲定人选时，十张字条上的人都有同样的希望，所以这个位置的排法是10。

第一科科长已被什么人得去了，只剩九个人来抢第二科的科长，所以第二个位置的排法是9。同一个道理，第三个位置的排法是8。照第一种方法推来，这三个位置的排法一共应当是：

$10 \times 9 \times 8 = 720$

若是你的朋友接到的字条上面，想当科长的人有十一个或九个，那么其排法就应当是：

$11 \times 10 \times 9 = 990$

或 $9 \times 8 \times 7 = 504$

若是他的衙门里还有一个额外科长，一共有四个位置，那么他的安排应当是：

$10 \times 9 \times 8 \times 7 = 5040$

$11 \times 10 \times 9 \times 8 = 7920$

或 $9 \times 8 \times 7 \times 6 = 3024$

我们仍然用 n 代表东西的数目（在数学上算数的时候，朋友，你不必生气，人也只是一种东西），不过位置的数目既和东西的不同，所以得另用一个字母来代表，譬如用 m。这一来我们的题目变成：

"在 n 个东西里面取出 m 个来的排法。"

照前面的推论法，m 个位置，n 个东西，第一位的排法是 n；第二个位置的排法，因为东西已少了一个，所以只有 n-1；第三个位置，东西又少了一个，所以只有 n-2 个排法……照推下去，直到第 m 个位置，它的前面有 m−1 个位置，而每一个位置都拉了一个人去，所以被拉去的共有 m−1 个人，就总人数来说，这时已少了 m−1 个，只剩 n−(m−1) 个了，所以这个位置的排法是 n−(m−1)。

这样一来，总共的排法便是：

$$n \times ((n-1) \times (n-2) \times (n-3) \times \cdots \times [n-(m-1)]$$

比如 n 是 11，m 是 4，代进去就得：

$$11 \times (11-1) \times (11-2) \times (11-3) = 11 \times 10 \times 9 \times 8 = 7920$$

在实际上只要从 n 写起，往下一共连着写 m 个就行了。

这种排法也有一个符号，就是 $_nP_m$，P 左边的 n 表示总共的个数，P 右边的 m 表示取出来排的个数，所以如在 26 个字母当中取出 5 个来排，它的方法一共就是 $_{26}P_5$。

将上面的计算用这个符号连起来，就得出了下面的关系：

$$_nP_m = n \times (n-1) \times (n-2) \times \cdots \times [n-(m-1)] \qquad (1)$$

这里有一件很有趣味的事，譬如我们将前面说过的第一种排法也用这里的符号来表示，那就成为 $_nP_n$，所以：

$$_nP_n = n! \qquad (2)$$

在 n 个东西当中去了 m 个，剩下的还有 n−m 个，这 n−m 个若自己翻来覆去地排，它的数目就应当是：

$$_{n-m}P_{n-m} = (n-m)! \qquad (3)$$

朋友，我问你，用 (n−m)! 去除 n! 得什么？

你们如果想不出，就不妨将它们写出来看：

$$\frac{n!}{(n-m)!} = \frac{n-(n-1)(n-2)\cdots[n-(m-1)](n-m)\cdots 3 \times 2 \times 1}{(n-m)[n-(m+1)]\cdots 3 \times 2 \times 1}$$

从这个式子一看分子和分母将公因数消去后，恰好得：

$$\frac{n!}{(n-m)!} = n(n-1)(n-2)\cdots[n-(m-1)]$$

这式子的右边和（1）式的完全一样；所以：

$$_nP_m = n(n-1)(n-2)\cdots[n-(m-1)] \frac{n!}{(n-m)!} = \frac{_nP_n}{_{n-m}P_{n-m}}$$

这个式子很有意思，我们可以这样想：从 n 个当中取出 m 个来排，和将 n 个全排好,从第 m+1 个起截断一样,因为 $_nP_n$ 是 n 个的排列,$_{n-m}P_{n-m}$ 是 m 个以后所余的东西的排列。

举个例子来说。5 个字母取出 3 个来的排法是 $_5P_3$,而 5-3=2,

$$_5P_3 = \frac{_5P_5}{_2P_2} = \frac{5!}{2!} = 5 \times 4 \times 3 = 60$$

关于这两种顺列法的计算,基本原理就是这样。但应用起来却并不十分容易,因为许多题目往往包含着一些特殊条件,它们所能排成功的数目就会减少。譬如八个人坐的是圆桌,大家又没有预先说明什么叫首座,这比他们坐八仙桌的变化就少得多。又譬如在八个人当中有两个是夫妇,非挨着坐不可,或是有两个是冤家对头,不能坐在一起,或是有一个人是左手拿筷子的,若坐在别人的右边,不免要和别人有冲突。这些条件是数不尽的,只要有一个存在,排列的数目就得减少。朋友,你真要详细知道,我只好劝你去读教科书或去请教你的教师,这里就不谈了。

说了半天,这和"八仙过海"有什么关系呢?还得请你忍耐一下,单是这样,还不能好好地将"八仙过海"这一类的题目往上摆。我们还得说一种别的排列法。

前面的两种都是不重复的,但"八仙过海"中每一个钱币的三次位置不是上就是下,所以总得重复,这种排列法和前面所说过的两种大同小异,就算它是第一种吧。

第三种是 n 种东西 m 次数可重复的顺列。就用"八仙过海"做例子,排来排去,不是上便是下,所以就算有两种东西,我们无妨用 a 和 b 来代表它们。

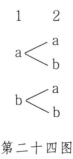

第二十四图

首先说两次的排法，就和第二十四图一样。第一个位置因为我们只有 a 和 b 两种不同的东西，所以只好有 2 种排法。

但是因为 a 和 b 在这里都可重用的缘故，就是第一个位置被 a 占了，它还是可以有 2 个排法，同样它被 b 占了也仍然有 2 个排法。因此总共的排法应当是：

$2 \times 2 = 2^2 = 4$

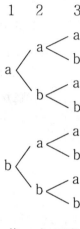

第二十五图

譬如像"八仙过海"一般，排的是 3 次，照这里的话说，就是有三个位置可排，那么就如第二十五图的样子，全体的排法是：

$2 \times 2 \times 2 = 2^3 = 8$

这不就说明了"八仙过海"，分上下两排，一共排三次，位置不同的变化是 8 吗？

$$\left\{\begin{array}{l}a\left\{\begin{array}{l}a\\b\\c\end{array}\right.\\b\left\{\begin{array}{l}a\\b\\c\end{array}\right.\\c\left\{\begin{array}{l}a\\b\\c\end{array}\right.\end{array}\right. \quad b\left\{\begin{array}{l}a\left\{\begin{array}{l}a\\b\\c\end{array}\right.\\b\left\{\begin{array}{l}a\\b\\c\end{array}\right.\\c\left\{\begin{array}{l}a\\b\\c\end{array}\right.\end{array}\right. \quad c\left\{\begin{array}{l}a\left\{\begin{array}{l}a\\b\\c\end{array}\right.\\b\left\{\begin{array}{l}a\\b\\c\end{array}\right.\\c\left\{\begin{array}{l}a\\c\\b\end{array}\right.\end{array}\right.$$

第二十六图

我们前面曾经说过分三排只排三次的例子,用a、b、c代表上、中、下、说明是一样的,暂且省略它。就第二十六图看,可以知道排列的总方法是:

$3 \times 3 \times 3 = 3^3 = 27$

这个数目和我们前面所用的钱币恰好一样。

照同样的例子,分一、二、三、四共四排,只排三次的数目是:

$4 \times 4 \times 4 = 4^3 = 64$

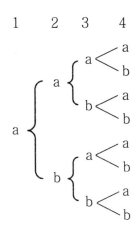

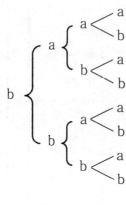

第二十七图

前面还说过排数不变次数变的例子。两排只排三次，已说过了；两排排四次呢，那就如第二十七图，总共能排的数目应当是：

$2 \times 2 \times 2 \times 2 = 2^4 = 16$

若排的是三排，总共排四次，照同样的道理，它的总数是：

$3 \times 3 \times 3 \times 3 = 3^4 = 81$

以前所举出的例子都可照样推算出来。将这几个式子在一起比较，乘数是跟着排数变的，乘的次数，就是指数，是跟着排的次数变的，所以若排数是 a，排的次数是 x，钱数是 y，那么：

$y = a^x$

要用一般的话来说，就是这样：

"n 种东西，m 次数可重复的顺列，便是 n 的 m 次乘方，即 n^m。"

所谓"八仙过海"，现在可算明白了，不过是顺列法中的一种游戏，有什么奇妙呢？你只要记好 y 等于 a 的 x 乘方这个式子，你想分几排，排几次，心里一算就可知道。

八　棕榄谜

一

早年曾经在《申报本埠增刊》上，登载着一幅很大的广告，是美商上海棕榄公司的，现在摘要抄在下面。

游戏规则：

（1）　一切规则均照雀牌，棕榄香皂四字代替东南西北；珂路瑳三字代替中发白；棕榄香皂、丝带牌牙膏及棕榄皂珠的三种图形则代替筒、条、万。

（2）　按照雀牌规则，由本公司总经理先生及华经理马伯乐先生在下图五十六只牌中，选出十四只排定和牌一副，送至上海银行封存于第三四一零号保管箱中，至开奖时请公证人启视，以昭郑重。

（3）　参加游戏者只可在下图五十六只牌中选出十四只排成和牌一副，如与本公司所排定之和牌完全相同，则赠送无线电收音机一台。

（4）　本公司备同样收音机十台，作为赠品，仅以十台为限。如猜中者超过十人，则再用抽签法决定……

（5）　参加游戏须附寄大号棕榄香皂绿包纸及黑纸带各一，空函无效。每人以四猜为限，每猜均须纸、带各一。

　　有几位朋友和我谈起这"棕榄谜"的时候，他们随口就问："从这五十六只牌中选出十四只排定和牌一副，究竟有多少种排法？"这本来只是数学上的一个计算问题，但要回答一个确切的数来，却不容易。倘若读者先想定一个答数，读完这篇文章后再来比较，我相信大多数的人都会吃惊不已的。

　　初学数学的人常常会提出这样的问题："一个题目到手，应当怎样去求解呢？"因为他们见到别人解答题目好似不费什么力，便觉得这里面一定有什么秘诀。其实科学中无所谓秘诀，要解答题目，只有依照一定的程序去思索。思考力经过相当训练的人，这程序能够应用得比较纯熟，就易于使别人感到神妙了。学问本是严肃的东西，并非变戏法，哪儿有什么神奇奥妙？

　　本文目的：一是说明数学中叫作组合（Combination）的这一种法则，二是说明思索数学题目的基本态度。平常我们在数学教科书中所遇到的问题都是编者安排好了的，要解答总有一定的法则可以应用，思索起来也比较简单。这里所用的这个题目并不是谁先安排定的，用来说明思索的态度更周到些。不过头绪繁复，大家得耐着性子，教科书以外的题目没有不繁复的呀。

二

一个题目拿到手，在思索怎样解答以前，必须对它有明确的认识：这题目中所含的意义是什么？已知的事项是什么？所要求出的事项是什么？这些都得辨别清楚，这是第一步。常常见到有些急性子的朋友，题目还只看到一半，便动起手来，这自然不会做对的。假如我的经验可靠，那么不但要先认清了题目，而且还须将它记住，才去想。对着题思索，在思索的进展上往往会有许多纷扰生出来。

认清题目以后，还有一步工作也省不来的，那就是问一问："这题目是可能的吗？"数学上的题目，有些是表面上看起来非常容易，而一经着手便束手无策的。初等几何中的"三等分任意角"，代数中的"五次方程式——其实是五次以上的——一般的解法"，这些最后都归到不可能的领域中了。

所谓题目的不可能，一种是主观的能力，一种是客观的条件。只学过算术的人，三减五是不可能，这是第一种。三等分任意角，这是第二种。因为初等几何的作图，只许用没有刻度的尺和圆规这两种工具。此外还有一种不可能，便是题目所给的条件不合或缺少。比如"鸡兔同笼共三十个头，五十只脚，求各有几只"，这是条件不合，因为三十只全是鸡也得有六十只脚。至于条件缺少，当然是不可能的。有一次我和孩子背九九乘法表，自然他对我只有惊异，但是他很顽皮，居然要制服我，忽然这样问道："你会算一间房子有几片瓦吗？"这我当然回答不上来了，因为条件不够。我只能够在知道一间房子有几行瓦，每行有几片的时候，才能算出它的总数。

判定一个题目是否可能，照这里所说的看来，是解题以前的工作。但有些题目要判定它的不可能，而且还要给出一个不可能的理由来，并不一定比解答题目容易。如"三等分任意角"这一类题目，就是经过不少人研究才判定的。所以这里所说的只限于比较易于判定的范围。在这个范围内，能够判定所遇到的题目是否可能——主观的或客观的——对于学数学的人来说与解答问题一样重要。自然，对于教科书，我们可以相信那里面的题目总是可能的，遇到题目就向积极方面去思索，但这并不是正当的途径。

三

对所遇到的题目经过一番审度，发现已是可能的了，自然就要思索解答的方法。这种思索有没有一定的途径可循呢？因为题目不同，要找一条通路，那是不可能的，不过基本的态度却可以说一说。用这样的态度去思索题目的解法，虽不能说可以迎刃而解，但至少不至于走错路，如果经过了相当的训练，还能够不至于多绕不必要的弯儿。

解答一个题目，需要的能力有两种：一是对于那题目所包含的一些事实的认识，一是对于解那题目所需的数学上的法则的理解。例如关于鸡兔同笼的题目，鸡和兔每只都只有一个头，鸡是两只脚，兔是四只脚，这是题目上不曾说出而包含着的事实。倘若对这些事实认识不充足，那么面对这类的题目便休想动手。至于解这个题目要用到乘法、减法、除法，若对于这些法则的根本意义不曾理解，那也是束手无策的。

现在我们转到"棕榄谜"上去。然而先得说明，我们要研究的是究竟有多少猜法，而不是怎样可猜得中。照数学上说来，差不多是猜不中的，即使有人猜中，那也只是偶然的幸运。

我们要解答的题目是：

在所绘的五十六只牌中，照雀牌规则选出十四只来排成和牌一副，有多少种选法？

这个题目的解答，就客观的条件来说，当然是可能的，因为从五十六只牌中选出十四只的方法有多少种，这有法则可以计算：在这些种数中，只要减去照"雀牌规则"排不成和牌的那些种的数目就行了。客观的条件既是可能的，那么，我们就尽量使用我们的能力吧。

解答这个题目，我们首先需要知道的是些什么呢？

从事实上说，应当知道按照雀牌的规则，怎样叫作一副和牌。

从算理上说，应当知道从若干东西中取出多少来的方法，应当怎样计算。

四

我相信所谓雀牌，读者当中十分之九是认识的。至于怎样玩法，知道的也许没有这般普遍，但这里既非编雀牌讲义，也用不到说。只有所谓的一副和牌非说明不可。

十四只牌，若可凑成四组三只的和一组两只的，这便是和了。为什么说凑成呢？因为并不是随便三只或两只都有成为一组的资格。按照雀牌规则，三只成一组的只有两种：一是完全相同的，二是花色——如所谓筒、条、万——相同而三数连续的，如一、二、三筒；二、三、四条；三、四、五万等。至于两只成一组的那只有对子才能算数。

以所绘的五十六只为例，那么"棕棕棕，榄榄榄，香香香，皂皂皂，珂珂"便是一副和牌，而图中的十二只香皂再任意配上别的一对也是一副和牌，因为十二只香皂恰好可排成"一一一，二三四，五六七，七八九"四组。

五

从若干件东西中取多少件的方法，应当怎样计算呢？比如你约了九个朋友，一共十个人，组织一个数学研究会，要推两个人做干事，这有多少方法呢？

假如你已看过从前中学生的《数学讲话》，还记得起所讲过的排列法，那么这便容易了。假设两个干事还分正、副，那么这只是从十件东西中取出两件的排列法，它的总数是：

$$_{10}P_2=10 \times 9=90$$

但是前面并没有说过分正、副的话，所以在这九十种中，王老三当正干事，李老二当副干事，与李老二当正干事，王老三当副干事，在本题中只能算一种。因此从十个人当中推两个出来当干事，实际的方法只有：

$$_{10}P_2 \div 2 = 90 \div 2 = 45$$

同样，假如你要在 A、B、C、D⋯⋯二十六个字母中，取出两个来做什么符号，若所取的次序也有关系，AB 和 BA 以及 BC 和 CB⋯⋯两两不相同，则你的取法共是：

$$_{26}P_2 = 26 \times 25 = 650$$

若所取的次序没有关系，AB 和 BA 以及 BC 和 CB⋯⋯就两两相同，分别只能算成一种，则取法共是：

$$_{26}P_2 \div 2 = 650 \div 2 = 325$$

由此可以推到一般的情形去，从 n 件东西里面取出两个来的方法，不管它们的顺序，则总共的取法是：

$$_nP_2 \div 2 = \frac{n(n-1)}{2}$$

到这一步，我们的讨论还只完成了一半，因为所取的东西都只有两件，若是三件怎样呢？在你组织的数学研究会中，若推举的干事是三人，总共有多少选举法呢？

假定这三个干事的职务不同，比如说一个是记录，一个是会计，一个是庶务，那么推选的方法便是从十个当中取出三个的排列，而总数是：

$$_{10}P_3 = 10 \times 9 \times 8 = 720$$

但若并不管职务的差别，则张、王、李三个人被选出来后，无论他们对于三种职务怎样分担都是一样的，只好算是一种选举法。那么，我们应当用三个人三种职务分担法的数目去除前面所得的 720，而三个人三种职务的分担法一共是：

$$_3P_3 = 3 \times 2 \times 1 = 6$$

所以从十个人中选出三个干事的方法总共是：

$$_{10}P_3 \div {}_3P_3 = \frac{10 \times 9 \times 8}{3 \times 2 \times 1} = 120$$

同样，若从 A、B、C、D……二十六个字母中取出三个，不管它们的顺序，则总数是：

$$_{26}P_3 \div {}_3P_3 = \frac{26 \times 25 \times 24}{3 \times 2 \times 1} = 2600$$

因为在 $_{26}P_3$ 的各种排列中，每三个字母相同只有顺序不同的（如 ABC，ACB，BAC，BCA，CAB，CBA）只能算成一种，就是 $_3P_3$ 当中的各种只算成一种。

从这里我们可以看出来，前面计算取两个的例子，我们用 2 作除数，在算理上其实应当是：

$$_2P_2 = 2 \times 1 = 2$$

于是我们可以得出一般的公式来，从 n 件东西中取出 m 件的方法应当是：

$$_nP_m \div {}_mP_m = \frac{n(n-1)(n-2)\cdots(n-m+1)}{m(m-1)(m-2)\cdots 2 \times 1} \tag{1}$$

$$= \frac{n(n-1)(n-2)\cdots(n-m+1)}{m!}$$

若用 $_nC_m$ 来代替"从 n 件东西中取 m 件"的总数，则

$$_nC_m = \frac{n(n-1)(n-2)\cdots(n-m+1)}{m!} \tag{1'}$$

这个公式便是一般的计算组合的式子，为了方便一些，我们还可以将它的形式变更一下。

因为：$\dfrac{n(n-1)\cdots(n-m+1)}{m!}$

$$\frac{[n(n-1)\cdots(n-m+1)][(n-m)(n-m-1)\cdots 1]}{m![(n-m)(n-m-1)\cdots 1]} = \frac{n!}{m!(n-m)!} \tag{2}$$

所以：$_nC_m = \dfrac{n!}{m!(n-m)!}$

举个例子来说，若在十八个球员中举十一个出来和别人比赛，推举的方法一共便是：

$$_{18}C_{11} = \frac{18 \times 17 \times 16 \times 15 \times 14 \times 13 \times 12 \times 11 \times 10 \times 9 \times 8}{11 \times 10 \times 9 \times 8 \times 7 \times 6 \times 5 \times 4 \times 3 \times 2 \times 1} = 31824$$

这是依照了公式（1）计算的，实际我们由公式（2）计算更简捷些；

因为：$_nC_m = \dfrac{n!}{m!(n-m)!} = \dfrac{n!}{(n-m)!m!} = \dfrac{n!}{(n-m)!(n-\overline{n-m})!} = {}_nC_{(n-m)}$

所以：$_{18}C_{11} = {}_{18}C_{18-11} = {}_{18}C_7 = \dfrac{18 \times 17 \times 16 \times 15 \times 14 \times 13 \times 12}{7 \times 6 \times 5 \times 4 \times 3 \times 2 \times 1} = 31824$

$_nC_m = {}_nC_{(n-m)}$ 这个性质，从实际推想起来非常有趣味。前面是说从 n 件里面取出 m 件，后面是说从 n 件里面取出 (n−m) 件，这两样的数目当然是一样的。你若要追问为何说是"当然"，那么，你可以这样想：比如一只口袋里面装有 n 件小玩意儿，你从口袋里摸出 m 件，那里面所剩的便是 (n−m) 件。你的摸法不同，口袋里的剩法也不同。你有若干种摸法，口袋里便跟了有若干种剩法。摸和剩完全是就你自己的地位来说的，就东西说，不过分成两组，一组在口袋外，一组在口袋里罢了。那么，取和舍的方法相同不是当然的吗？

组合的基本计算不过这么一回事，但这里有一点应当注意，上面所说的 n 件东西是完全不相同的，若其中有些相同，计算起来便有些不一样了。对于这一层，读者倘若还要知道得更详细些，最好自己去想一想，不然请看教科书去吧。

回归到"棕榄谜"上去，假如五十六只牌全不相同，那么选出十四只的方法便是：

$$_{56}C_{14} = 5804731963800$$

<h1 style="text-align:center">六</h1>

按照理论来说，既已知道从五十六只全不相同的牌中取出十四只的方法的数目，进一步将因相同而重复的数目以及不成一副和牌的数目减去，便得到所求的答案了。然而说起来容易，做起来却不简单。实际上要计算不成一副和牌的数目，比另起炉灶来计算能成一副和牌的数目更

繁杂。我们另走一条路吧！

按照雀牌的规则仔细想一想，每一只牌要在一副和牌中能占一个位置，都必得和别的牌联络，六亲无靠就只有被淘汰。因此，我们研究和牌的形式不必从每一只上去着想，而可改换途径，用每一组做单元。

那么，所绘的五十六只牌中，三只或两只一组，能够有多少组有资格加入到和牌里去呢？

要回答这个问题，我们先将所有的材料来整理一下，五十六只牌中，就花色来说，数目的分配是这样的：

（1）字：

棕3榄3香3皂3珂3路3辫4

（2）花色：

类别＼数别	一	二	三	四	五	六	七	八	九
香皂	3	1	1	1	1	1	2	1	1
牙膏	1	1	1	1	1	1	1	1	3
皂珠	3	1	1	1	1	1	1	1	1

这些材料按照雀牌规则可以组成三只组和二只组的数目如下：

（1）字：

①三同色组：棕、榄、香、皂、珂、路、辫各1组，共7组。

②三连续组：无。

③对子组：棕、榄、香、皂、珂、路、辫各1组，共7组。

（2）花色：

	香皂	牙膏	皂珠
①三同色组	1组	1组	1组
②三连续组	7组	7组	7组
③对子组	2组	1组	1组

各组数目的计算，三同色组和对子组是就已有的材料一看便可知道

的，只有三连续组，就是从 1、2、3、4、5、6、7、8、9 共九个自然数中取三个连续数的方法。关于这一种数目的计算和前面所说的一般的组合法显然不同。这有没有一定的公式呢？直截了当地回答"有"。

设若有 n 个连续的自然数，要取 2 个相连续的，那么取的方法一共就是：

$n - \overline{2-1} = n-2+1 = n-1$

因为从第一个起，将第二个和它相连得一种，接着我们将第三个去换第一个又得一种，再将第四个去换第二个又得一种，依次下去，最后是将第 n 个去换第 (n-2) 个。所以 n 个中除去第一个外，共有 (n-1) 个都可和它们前面一个相连成一种，因而总共的方法便是 (n-1) 种。为什么上面的式子我们一开始要写成 $n - \overline{2-1}$ 呢？因为每组要两个，全部的数中就有一个是没有前面的数供它连上去的。

由此可以知道，在 n 个连续的自然数中，要取 3 个连续数的方法共是：

$n - \overline{3-1} = n-3+1 = n-2$

因为是 3 个一组，所以最前面便有 (3-1) 个没有前面的数供它们连上去。

根据这个公式，9 个连续的自然数中，要取 3 个连续数的方法便是：

$9 - \overline{3-1} = 9-2 = 7$

将上面的公式推到一般情形去，就是从 n 个连续的自然数中取 m 个连续数的方法，一共是：

$n - \overline{m-1} = n-m+1$

七

按照前面计算的结果，三只组一共是 31 组，对子组一共是 11 组。而一副和牌所包含的是四个三只组和一个对子组。我们很容易想到，只要从 31 组三只组中取出 4 组，再从 11 组对子组中取出 1 组，两相配合，便成一副和牌。而三只组的取法共是 $_{31}C_4$，对子组的取法共是 $_{11}C_1$。因为两种取法中的任何一种都可以同其他一种中的任何一种配合，所以总数便是：

$$_{31}C_4 \times {}_{11}C_1 = \frac{31 \times 30 \times 29 \times 28}{4 \times 3 \times 2 \times 1} \times \frac{11}{1} = 346115$$

然而这个数目太大了，因为这些配合法就所绘的材料来说，有些是不可能的。从 31 组三只组中取 4 组的总数是 $_{31}C_4$，但因为材料的限制，实际并不能这般自由。比如取了香皂的三同色组，则它的三连续组中的"一二三"这一组就没有了，若取了三连续组中的"一二三"这一组，则"二三四"和"三四五"这两组也没有了。还有将对子配上去，也不是尽如人意的事，既取了某一种的三同色组，则那一色的对子组便没有了，又如取了香皂的"五六七"或"六七八"或"七八九"，则香皂"七"的对子组也就没有了。

从上面所得的 346115 种中减去这些不可能的数，那么便是我们所要求的了。然而要找这个减数，依然很繁杂。

还有别的方法吗？

八

为了避去不可能的取法，我们试就各种花色分开来取，然后再相配成四组。

（1）字：这类的三只组一共是 7 组，所以取 1 组、2 组、3 组、4 组的方法是：

$$_7C_1 = \frac{7}{1} = 7 \qquad\qquad {}_7C_2 = \frac{7 \times 6}{2 \times 1} = 21$$

$$_7C_3 = \frac{7 \times 6 \times 5}{3 \times 2 \times 1} = 35 \qquad\qquad {}_7C_4 = {}_7C_3 = 35$$

（2）花色：

		香皂	牙膏	皂珠
1组	含三同色的	1	1	1
	不含的	7	7	7
2组	含三同色的	6	6	6
	不含的	11	10	10
3组	含三同色的	7	6	6
	不含的	3	1	1
4组	含三同色的	1	0	0
	不含的	0	0	0

这个表中只取一组的数目是用不到计算就可知道的，取二组的数目两项的计算法如下：

①含三同色组的：本来一种花色只有1组三同色组，所以只需从三连续组中任取一组同它配合便可以了。不过7组当中有1组是含一（香皂和皂珠）或九（牙膏）的，因为一或九已用在三同色组中，不能再有。因此只能在6组中取出来配合，而得 $1 \times {}_6C_1 = 6$。

②不含三同色组的，就香皂来说，可以分别计算如下：

（Ⅰ）含"一二三"组的：这只能从4、5、6、7、8、9，六个连续的自然数中任取一个三连续组同它配合，依前面的公式得6-3+1=4。

（Ⅱ）含"二三四"组的：照同样的理由共有5-3+1=3。

（Ⅲ）含"三四五"组的：4-3+1=2。

（Ⅳ）含"四五六"组的：和（Ⅰ）中相同的不算，共是3-3+1=1。

（Ⅴ）含"五六七"组的：和上面相同的不算，只有"七八九"一组和它相配，所以也是1。

五项合计就得4+3+2+1+1=11。

但就牙膏和皂珠来说，（Ⅴ）这一组是没有的，因此只有10组。

取3组的计算法，根据取2组的数目便可得出：

①含三同色组的：就香皂来说，取（Ⅱ）到（Ⅴ）各组中的任一组和

三同色组配合便是，所以总数是 7。在牙膏或皂珠中，因为缺少（Ⅴ）这一项，所以总数只有 6。

②不含三同色组的：就香皂来说，可分成几项如下：

（Ⅰ）含"一二三"组的：只有前面的（Ⅳ）和（Ⅴ）中各组相配合，所以总数是 2。

（Ⅱ）含"二三四"组的：只有前面的（Ⅴ）可配合，所以总数是 1。两项合计便是 3。

但就牙膏或皂珠来说，都只有"一二三""四五六""七八九"1 种。至于 4 组的取法，这很容易明白，用不着计算了。

九

依照雀牌的规则，一副和牌含有 4 组三只组，我们现在的问题便成了就前面所列的各种组别来相配。为了研究的便利，用含有字组的多少来分类，这比较容易明白些。

（1）四组字的

这一种很容易明白就是：$_7C_4 = 35$

（2）三组字的

三组字的取法共是 $_7C_3$，将每种和花色中的任一组相配就成了四组，而花色中共有 24 组，所以这种的总数是：$_7C_3 \times _{24}C_1 = 35 \times 24 = 840$

（3）二组字的

二组字的取法共是 $_7C_2$，将花色组和它配成四组，这有两种办法：

①两组花色相同的（同是香皂或牙膏或皂珠）：只需在二组花色的取法中，任用一种相配合。而两组花色相同的取法共是 6+11+6+10+6+10=49，所以配合的总数是：

$$_7C_2 \times _{49}C_1 = 21 \times 49 = 1029$$

②两组花色不同的：这就是说在香皂、牙膏、皂珠三种中，任从两种中各取一组和两组字相配合。第一步，从三种中任取两种的方法共是

$_3C_2$。而每一项取法中，各种取一组的方法都是 $_8C_1$，因此配成两组的方法是 $_8C_1 \times _8C_1$，由此便可知道总共的配合法是：

$$_7C_2 \times _8C_1 \times _8C_1 \times _3C_2 = 21 \times 8 \times 8 \times 3 = 4032$$

（4）一组字的

一组字的取法共是 $_7C_1$，需要将三组花色同它们配合，这便有三种配合法：

①三组花色相同的：花色三组全相同的取法一共是 7+3+6+1+6+1=24，在这 24 种中任取一组和任一组字配合的方法是：

$$_7C_1 \times _{24}C_1 = 7 \times 24 = 168$$

②两组花色相同的：若是从香皂中取两组，在牙膏或皂珠中取一组，配合的方法都是 $_{17}C_1 \times _8C_1$，所以共是 $_{17}C_1 \times _8C_1 \times 2$。但若从牙膏中取两组，而在香皂或皂珠中取一组，配合的方法都是 $_{16}C_1 \times _8C_1$，所以共是 $_{16}C_1 \times _8C_1 \times 2$。从皂珠中取两组的配法自然也是 $_{16}C_1 \times _8C_1 \times 2$，由此，这一类花色的取法共是：

$$_{17}C_1 \times _8C_1 \times 2 + _{16}C_1 \times _8C_1 \times 2 + _{16}C_1 \times _8C_1 \times 2$$
$$= (_{17}C_1 + _{16}C_1 + _{16}C_1) \times _8C_1 \times 2 = _{49}C_1 \times _8C_1 \times 2$$

将这中间的任一种和任一组字配合就成为四组，而配合法共是：

$$_7C_1 \times _{49}C_1 \times _8C_1 \times 2 = 7 \times 49 \times 8 \times 2 = 5488$$

③三组花色不同的：这只能从香皂、牙膏、皂珠中各取一组而配合成三组，所以配合法只有 $_8C_1 \times _8C_1 \times _8C_1$，再同一组字相配的方法是：

$$_7C_1 \times _8C_1 \times _8C_1 \times _8C_1 = 7 \times 8 \times 8 \times 8 = 3584$$

（5）无字组的：这一种里面，我们又可依照含香皂组数的多少来研究。

①四组香皂的：前面已经说过这只有 1 种。

②三组香皂的：香皂的取法是 10 种，每一种都可以同一组牙膏或皂珠配合，而牙膏和皂珠取一组的方法是 $_{16}C_1$，所以总共的配合法是：

$$_{10}C_1 \times _{16}C_1 = 10 \times 16 = 160$$

③两组香皂的：这有两种配合法：（Ⅰ）是同两组牙膏或皂珠相配，（Ⅱ）是牙膏和皂珠各一组相配；（Ⅰ）的配合法是 $_{17}C_1 \times _{16}C_1 \times 2$，（Ⅱ）

的配合法是 $_{17}C_1 \times _8C_1 \times _8C_1$，所以一共是：

$$_{17}C_1 \times _{16}C_1 \times 2 + _{17}C_1 \times _8C_1 \times _8C_1 = 17 \times 16 \times 2 + 17 \times 8 \times 8 = 1632$$

④一组香皂的：这也有两种配合法：（Ⅰ）同三组牙膏或皂珠相配，（Ⅱ）同两组牙膏加一组皂珠或一组牙膏加两组皂珠相配；（Ⅰ）的配合法是 $_8C_1 \times _7C_1 \times 2$，（Ⅱ）的配合法是 $_8C_1 \times _{16}C_1 \times _8C_1 \times 2$，所以一共是：

$$_8C_1 \times _7C_1 \times 2 + _8C_1 \times _{16}C_1 \times _8C_1 \times 2 = 8 \times 7 \times 2 + 8 \times 16 \times 8 \times 2 = 2160$$

⑤没有香皂的：这有三种配合法：（Ⅰ）三组牙膏加一组皂珠，配合法是 $_7C_1 \times _8C_1$，（Ⅱ）两组牙膏加两组皂珠，配合法是 $_{16}C_1 \times _{16}C_1$，（Ⅲ）一组牙膏加三组皂珠，依同理配合法是 $_8C_1 \times _7C_1$，所以一共是：

$$_7C_1 \times _8C_1 + _{16}C_1 \times _{16}C_1 + _8C_1 \times _7C_1 = 56 + 256 + 56 = 368$$

到了这里我们可以算一笔四组配合法的总账，不用说这只是一个小学生都会算的加法。虽然如此，还得写出来：

$$35 + 840 + 1029 + 4032 + 168 + 5488 + 3584 + 1 + 160 + 1632 + 2160 + 368 = 19497$$

到这里，我们只差一步了。在这 19497 种中各将一个对子配上去，便成了和牌。

十

就所有材料来说，一共有 11 个对子。倘使材料可以自由使用，因为每一种四个三只组同任一对相配都成一副和牌，所以总数应当是：

$$19497 \times _{11}C_1 = 214467$$

然而这 214467 副牌中，有些又是不可能的了。含着某一种三同色组的，那一色的对子便没有。而含有香皂"五六七""六七八""七八九"中的一组的，香皂七的对子也没有了。这么一想，配对子上去也不是一件简单的事呀。因此，计算配对子的方法还得像前面一样分别研究。字的变化比较少而且规则简单，所以仍然以含字组的数目为标准来分类。

（1）四组字的

在这一种里面，因为用了四种字，所以每副只有 3 个字对子可配合，但是 4 种花色对子却全可配上去。因此每种都有 7 个对子可配而成七副和牌，总共可成的和牌数便是：

$$_7C_4 \times 7 = 35 \times 7 = 245$$

（2）三组字的

这一种里面，因为用了三种字，所以字对子每副只有 4 个可配，而花色对子的配合法比较复杂，得另找一个头绪计算。单就配字对子来说，总数是：

$$_7C_3 \times {}_{24}C_1 \times 4 = 840 \times 4 = 3360$$

凡是含有香皂或牙膏或皂珠的三同色组的，那一种花色的对子便不能有，所以每副只有 3 个花对子可配合。而含三组字同着一组花色三同色组的，共是 $_7C_3 \times 3$，因此可成功的和牌数是：

$$_7C_3 \times 3 \times 3 = 35 \times 9 = 315$$

凡不含香皂、牙膏和皂珠的三同色组的，一般来说，每副都有 4 个花色对子可配。只有含香皂"五六七""六七八""七八九"三组中的一组的，少了一个香皂的对子七。花色的三连续组取一组的方法共是 $_{21}C_1$ 和字三组的配合法便是 $_7C_3 \times {}_{21}C_1$，将花色对子分别配上去的总数是 $_7C_3 \times {}_{21}C_1 \times 4$，而内中有 $_7C_3 \times {}_3C_1$ 种是含有香皂七的，少一对可配的对子，所以这一种能够配成和牌的数目是：

$$_7C_3 \times {}_{21}C_1 \times 4 - {}_7C_3 \times 3 = 35 \times 21 \times 4 - 35 \times 3 = 2835$$

（3）二组字的

这一种里面，依前面所说过的同一理由，每一副有 5 个字对子可配合，这样配成的和牌的数目是：

$$(_7C_2 \times {}_{49}C_1 + {}_7C_2 \times {}_8C_1 \times {}_8C_1 \times {}_3C_2) \times 5 = (1029 + 4032) \times 5 = 25305$$

对于花色对子的配合，因为所含花色的三只组的情形不同，可分成以下三项：

①含一组香皂或牙膏或皂珠的三同色组的，一般来说有 3 个花色对子可配。而三只组的配合法是：（I）两组花色相同的 $_7C_2 \times {}_{18}C_1$，（II）两组花色不同的 $_7C_2 \times 1 \times {}_7C_1 \times {}_3C_2$，合计是 $_7C_2 \times {}_{18}C_1 + {}_7C_2 \times 1 \times {}_7C_1 \times {}_3C_2$，

将 3 个花色对子配上去，一共是：

$$(_7C_2 \times {}_{18}C_1 + {}_7C_2 \times 1 \times {}_7C_1 \times {}_3C_2) \times 3 = 2457$$

不过含有香皂七的，依然少一对可配合，应当从 2457 中将这个数减去。而它是 $_7C_2 \times {}_3C_1 \times {}_3C_1 = 189$，这里第一个 $_3C_1$ 是花色中三同色组取一组的方法，第二个 $_3C_1$ 是香皂中的"五六七""六七八""七八九"三个三连续组取一组的方法，所以这一项总共可成的和牌数是 2457 −189=2268

②含两组香皂、牙膏、皂珠三同色组的，每副只有 2 个花色对子可配合，可成的和牌数是：$_7C_2 \times {}_3C_2 \times 2 = 126$

③不含香皂、牙膏、皂珠等三同色组的，一般来说有 4 个花色对子可配合，而总数是：

$$(_7C_2 \times {}_{31}C_1 + {}_7C_2 \times {}_7C_1 \times {}_7C_1 \times {}_3C_2) \times 4 = 14952$$

这里面自然也要减去没有香皂七的对子可配合的数，这种数目：（Ⅰ）就两组花色相同的来说是 $_7C_2 \times 10 = 210$，因为在香皂中，不含三同色组的两组的取法虽有 11 种，而除了"一二三，四五六"这一种外都是含有香皂七的；（Ⅱ）就两组花色不同的说是 $_7C_2 \times {}_3C_1 \times {}_7C_1 \times 2 = 882$，$_3C_1$ 是从香皂的"五六七""六七八""七八九"三组中取一组的方法，$_7C_1$ 是从牙膏或皂珠中取一组三连续的方法，而对于牙膏和皂珠的情形完全相同，因此用 2 去乘。总共应当减去的数是 210+882=1092。所以这种的和牌数是：14952−1092=13860

（4）一组字的

这一种里面，每一副都有 6 个字对子可以配合，这样配成的和牌总数是：

$$(_7C_1 \times {}_{24}C_1 + {}_7C_1 \times {}_{49}C_1 \times {}_8C_1 \times 2 + {}_7C_1 \times {}_8C_1 \times {}_8C_1 \times {}_8C_1) \times 6 = 55440$$

至于配搭花色对子，也需要分别研究，共有四项：

①含一组香皂或牙膏或皂珠三同色组的，一般来说有 3 个花色对子可配合。而含一组花三同色组的取法，又可分为三项：（Ⅰ）三组花色相同的，共有 $_7C_1 \times {}_{19}C_1$。（Ⅱ）两组花色相同的，共有 $_7C_1 \times {}_{18}C_1 \times {}_7C_1 \times 2 + {}_7C_1 \times {}_{31}C_1 \times 1 \times 2$。（Ⅲ）三组花色不同的，共有 $_7C_1 \times {}_3C_1 \times {}_7C_1 \times {}_7C_1$。因此，可以配成和牌的数目是：

$(_7C_1 \times _{19}C_1 + _7C_1 \times _{18}C_1 \times _7C_1 \times 2 + _7C_1 \times _{31}C_1 \times 1 \times 2 + _7C_1 \times _3C_1 \times _7C_1 \times _7C_1) \times 3 = 10080$

在（Ⅰ）中所有和香皂配合的，都没有香皂七的对子可配，这个数目是 $_7C_1 \times _7C_1$。在（Ⅱ）中含两组香皂的有 $_7C_1 \times _3C_1 \times _7C_1 \times 2 + _7C_1 \times _{10}C_1 \times 1 \times 2$ 种香皂七的对子不能配合，而含牙膏或皂珠两组的各有 $_7C_1 \times _6C_1 \times _3C_1$ 种不能和它配合，所以（Ⅱ）里应减的数是 $_7C_1 \times _3C_1 \times _7C_1 \times 2 + _7C_1 \times _{10}C_1 \times 1 \times 2 + _7C_1 \times _6C_1 \times _3C_1 \times 2$。在（Ⅲ）中含有牙膏或皂珠三同色组的各有 $_7C_1 \times _7C_1 \times _3C_1$ 种不能和它配合，因此应减去的数是 $_7C_1 \times _7C_1 \times _3C_1 \times 2$，而总共应当减去 $_7C_1 \times _7C_1 + _7C_1 \times _3C_1 \times _7C_1 \times 2 + _7C_1 \times _{10}C_1 \times 1 \times 2 + _7C_1 \times _6C_1 \times _3C_1 \times 2 + _7C_1 \times _7C_1 \times _3C_1 \times 2 = 1029$

因而这一项可成的和牌数是：$10080 - 1029 = 9051$

②含二组香皂、牙膏和皂珠三同色组的，一般来说只有 2 个花色对子可配合。这项当中，四组三只组的配合法，可以这样设想：由花色的三组三同色组取两组，而在各三连续组中取一组，前一种的取法是 $_3C_2$，后一种的取法是 $_{19}C_1$。因为三种花色中虽然共有 21 组三连续组，但是某两种花色既取了三同色组就各少去了一组三连续组，所以只有 19 组可用。合计起来总共的和牌配合法是 $_7C_1 \times _3C_2 \times _{19}C_1 \times 2 = 798$

这里面应当减去不能和香皂七对子相配合的数是 $_7C_1 \times _3C_2 \times _3C_1 = 63$

所以可成的和牌数是 $798 - 63 = 735$

③含三组香皂、牙膏和皂珠三同色组的，这只有香皂七的对子可配合，可成的和牌数是：$_7C_1 \times 1 = 7$

④不含香皂、牙膏、皂珠的三同色组的，一般来说有 4 个花色对子可配合。这也可分成三项研究：（Ⅰ）三组花色相同的，共是 $_7C_1 \times _5C_1$。（Ⅱ）两组花色相同的，共是 $_7C_1 \times _{31}C_1 \times _7C_1 \times 2$。（Ⅲ）三组花色不同的，共是 $_7C_1 \times _7C_1 \times _7C_1 \times _7C_1$。因此同对子搭配起来一共是：

$(_7C_1 \times _5C_1 + _7C_1 \times _{31}C_1 \times _7C_1 \times 2 + _7C_1 \times _7C_1 \times _7C_1 \times _7C_1) \times 4 = 21896$

所应当减去的：在（Ⅰ）中是 $_7C_1 \times _3C_1$，因为含三组香皂的，香皂七的对子都不能配合，而且也只有这些不能；在（Ⅱ）中含两组香皂的有 $_7C_1 \times _{10}C_1 \times _7C_1 \times 2$ 不能和它配合，含其他两组同花色的，各有 $_7C_1 \times _{10}C_1 \times _3C_1$ 种不能同它配合，共是 $_7C_1 \times _{10}C_1 \times _7C_1 \times 2 + _7C_1 \times _{10}C_1 \times _3C_1 \times 2$；在（Ⅲ）中

共有 $_7C_1 \times _7C_1 \times _7C_1 \times _3C_1$ 不能和它配合；所以总共应当减去的数是：

$_7C_1 \times _3C_1 + _7C_1 \times _{10}C_1 \times _7C_1 \times 2 + _7C_1 \times _{10}C_1 \times _3C_1 \times 2 + _7C_1 \times _7C_1 \times _7C_1 \times _3C_1 = 2450$

而这一项中可成的和牌数是：2,1896 - 2450 = 1,9446

（5）无字组的

这一种里面，每副都有7个字对子可配合，这是极明显的，这里仍照前面的分项法研究下去：

①四组香皂的

7个字对子和2个花色对子（牙膏的和皂珠的）可配合，所以一共可成的和牌数是：

$1 \times (7+2) = 9$

②三组香皂的

（I）字对子的配法是 $_{10}C_1 \times _8C_1 \times 2 \times 7 = 1120$

（II）花色对子的配法，因为含有三组香皂，所以香皂七的对子都不能相配。若只含一组三同色组的，有2个花色对子可配，这样的数是 $(_7C_1 \times _7C_1 \times 2 + _3C_1 \times 1 \times 2) \times 2$。若含两组三同色组的只有1个花色对子可配合，这样的数目是 $_7C_1 \times 1 \times 2 \times 1$，因此总共的和牌数是：

$(_7C_1 \times _7C_1 \times 2 + _3C_1 \times 1 \times 2) \times 2 + _7C_1 \times 1 \times 2 \times 1 = 222$

至于不含三同色组的，却有3个花色对子可配，而和牌总共的数目是：

$_3C_1 \times _7C_1 \times 2 \times 3 = 126$

合计起来这一项共是 222+126=348

③两组香皂的

（I）字对子有7个可配，所以和牌的数目是：

$(_{17}C_1 \times _{16}C_1 \times 2 + _{17}C_1 \times _8C_1 \times _8C_1) \times 7 = 11424$

（II）花色对子的配合还得再细细地分别研究。

（α）含有一组三同色组的，只有3个花色对子可配合，总数是：

$(_6C_1 \times _{10}C_1 \times 2 + _6C_1 \times _7C_1 \times _7C_1 + _{11}C_1 \times _6C_1 \times 2 + _{11}C_1 \times 1 \times _7C_1 \times 2) \times 3 = 2100$

而应当减去的数是：$_3C_1 \times _{10}C_1 \times 2 + _3C_1 \times _7C_1 \times _7C_1 + _{10}C_1 \times _6C_1 \times 2 + _{10}C_1 \times _7C_1 \times 1 \times 2 = 467$

所以这项的和牌数是：2100-467=1633

（β）含有两组三同色组的，一般来说，只有 2 个花色对子可配合，其中自然也得减去香皂七的对子所不能配合的，而和牌的总数是：

$$({}_6C_1 \times {}_6C_1 \times 2 + {}_6C_1 \times 1 \times {}_7C_1 \times 2 + {}_{11}C_1 \times 1 \times 1) \times 2 - ({}_3C_1 \times {}_6C_1 \times 2 + {}_3C_1 \times 1 \times {}_7C_1 \times 2 + {}_{10}C_1 \times 1 \times 1) = 246$$

（γ）含有三组三同色组的，这只有一部分不含香皂七的可以同香皂七的对子配合成和牌，这样的数目是：${}_3C_1 \times 1 \times 1 = 3$

（δ）不含三同色组的，一般来说有 4 个花色对子可配合，但也应当减去香皂七的对子所不能配合的，这一项的和牌总数是：

$$({}_{11}C_1 \times {}_{10}C_1 \times 2 + {}_{11}C_1 \times {}_7C_1 \times {}_7C_1) \times 4 - ({}_{10}C_1 \times {}_{:10}C_1 \times 2 + {}_{10}C_1 \times {}_7C_1 \times {}_7C_1) = 2346$$

这四小项所得的数共是：$1633 + 246 + 3 + 2346 = 4228$

④一组香皂的

（Ⅰ）字对子也是 7 个都可以配合，所以这样的和牌数是：

$$({}_8C_1 \times {}_7C_1 \times 2 + {}_8C_1 \times {}_{16}C_1 \times {}_8C_1 \times 2) \times 7 = 15120$$

（Ⅱ）花色对子的配合：

（α）含一组三同色的

$$(1 \times 1 \times 2 + 1 \times {}_{10}C_1 \times {}_7C_1 \times 2 + {}_7C_1 \times {}_6C_1 \times 2 + {}_7C_1 \times {}_6C_1 \times {}_7C_1 \times 2 + {}_7C_1 \times {}_{10}C_1 \times 1 \times 2) \times 3 - ({}_3C_1 \times {}_6C_1 \times 2 + {}_3C_1 \times {}_6C_1 \times {}_7C_1 \times 2 + {}_3C_1 \times {}_{10}C_1 \times 1 \times 2) = 2514$$

这里第一个括号中的前两项是香皂取一组三同色的，而第一项是和牙膏或皂珠三连续组的三组配合，第二项是在牙膏或皂珠中取三连续组两组和其他一种中的一组三连续组配合，香皂七的对子都配得上去。后三项是香皂取一组三连续组而和牙膏或皂珠的一组三同色组及别的两组配合，所以这项中有些是香皂七的对子不能配的，应当减去。

（β）含两组三同色组的，一般的只有 2 个花色对子可相配，配合的情形可依前一种类推，和牌总数是：

$$(1 \times {}_6C_1 \times 2 + 1 \times {}_6C_1 \times {}_7C_1 \times 2 + 1 \times {}_{10}C_1 \times 1 \times 2 + {}_7C_1 \times {}_6C_1 \times 1 \times 2) \times 2 - {}_3C_1 \times {}_6C_1 \times 1 \times 2 = 364$$

（γ）含三组三同色组的，这自然只有香皂七的对子可以配合了，和牌数是：

$$1 \times {}_6C_1 \times 1 \times 2 = 12$$

（δ）不含三同色组的，一般来说有 4 个花色对子可配合，也应当减去香皂七的对子所不能配合的，所以和牌的总数是：

$$({}_7C_1 \times 1 \times 2 + {}_7C_1 \times {}_{10}C_1 \times {}_7C_1 \times 2) \times 4 - ({}_3C_1 \times 1 \times 2 + {}_3C_1 \times {}_{10}C_1 \times {}_7C_1 \times 2) = 3550$$

这四小项共是 2514+364+12+3550=6440

（θ）没有香皂的，这一项里每副 7 个字对子和 2 个香皂的对子都可以去配合，这样的和牌数目共是：$({}_7C_1 \times {}_8C_1 \times 2 + {}_{16}C_1 \times {}_{16}C_1) \times (7+2) = 3312$

此外，就只剩牙膏或皂珠的对子的配合了。只含一组三同色组的有 1 个对子可配合，一组不含的有 2 个对子可配合，所以和牌的数目是：

$$({}_6C_1 \times {}_7C_1 \times 2 + 1 \times 1 \times 2 + {}_6C_1 \times {}_{10}C_1 \times 2) \times 1 + (1 \times {}_7C_1 \times 2 + {}_{10}C_1 \times {}_{10}C_1) \times 2 = 434$$

到这里，读者大概已是头昏脑涨了，但是恭喜恭喜，我们现在所差的只是将这些分户账总结一下，这不过是一个中等复杂的加法而已。

所谓"棕榄谜"，究竟有多少猜法？要知晓谜底的请看下面：

245+3360+315+2835+25305+2268+126+13360+55440+9051+735+7+19446+9+1120+348+11424+4228+15120+6440+3312+434=175428

这 175428 副和牌，还是单就雀牌的正规来说。一般玩雀牌的人，还有和十三幺的说法，在西南几省还有和七对的。

所谓十三幺，照"棕榄谜"来说，就是一副中、棕、榄、香、皂、珂、路、觟，以及香皂一、九，牙膏一、九，皂珠一、九，十三只都有而且有一只成对。在所绘的材料中，除香皂九、牙膏一、皂珠九不能成对外，还有 10 种可以成对，所以十三幺的和法共有 10 种。

至于七对的和法，因为一共有 12 个对子可以做成棕、榄、香、皂、珂、路、香皂一、香皂七、牙膏九、皂珠一各 1 对，觟 2 对，所以和法共是：

$$_{12}C_7 = {}_{12}C_5 = \frac{12 \times 11 \times 10 \times 9 \times 8}{5 \times 4 \times 3 \times 2 \times 1} = 792$$

将这三种合起来，和牌的副数便是：

175428+10+792=176230

读者倘若预先想了一个答数，看到这里就得到了比较，我且问你，真实的数目和你预估的相差多少？

十一

现在我们可以说猜的话了。

照它的游戏规则说，每人以四猜为限，你若规规矩矩地猜了四猜，你的希望不过是：

$$\frac{4}{176230} = \frac{1}{44058}弱$$

就是$\frac{1}{44058}$还不到，从概率来说，这实在是太微弱了。

你也许可以这样想，我们可以揣摩公司的心理，这样，就比较有把握。但是倘若该公司排定的和牌不是偶然的，而有什么用意，可以被别人揣摩到，那么能猜中的人就一定不少。按照它的游戏规则所规定的，赠品仅以十台为限，如猜中者超过十人，则再用抽签法决定，所以你就是猜中了，得奖的希望还是不大。从少数说，比如有二十个人猜中，那么你也不过有一半的希望。因为从二十个人中抽出十个人的方法一共是$_{20}C_{10}$，能够抽到你的机会是$_{19}C_{9}$，你的希望便是：

$$_{19}C_{9}/_{20}C_{10} = \frac{19!}{9!10!} \div \frac{20!}{10!10!} = \frac{19!}{9!10!} \times \frac{10!10!}{20!} = \frac{1}{2}$$

是的，一半的希望本不算小，但由揣摩心理去猜中，这是多少渺茫呵！

你也许会想到，用44058个名字，各种和牌都猜去，自然一定会中的。然而，朋友，你别忙着开心，这一来不可能，二来可能会倒霉。

为什么不可能？

一共176230副和牌，按照它的规定，要你从图上将选定的十四只牌剪贴在参赛券上。就算你很敏捷，两分钟可以剪贴成一张，你也很勤奋，每天可以继续不断地剪贴12个小时，我们试来算算看。

两分钟剪贴1张，一小时可剪贴30张，一天工作12小时，一共也不过可剪贴360张。要全部剪贴完，就要489天6小时20分钟。你每天都不中断，也需一年四个多月。然而游戏的截止日期是当年九月十日，奈何！

为什么可能会倒霉？

依游戏规则，每一猜必须附寄大号棕榄香皂绿包纸及黑纸带各一。

这就是说你要猜一条就得买一块大号棕榄香皂，所以你要全猜需得买176230块。照平常的价钱每块是要 0.26 元，就算你买得多，打对折也要0.13元，而一共就要22909.09元，你有这么多的闲钱吗？再进一步想，公司这样将香皂卖给你，每块不过赚你一分钱，他也就赚进1762.3元了。什么宝贝的收音机，你还不够自己买，要来费这般大的事！

朋友 F 君说：绿包纸及黑纸带可以想办法去收集，一个铜元一副。好，就这样办吧！ 176230 个铜元，就照上海当时的行情，算是 300 个铜元1 元钱，也要 587.43 元，你还要用四万多个信封，还不够自己买一架收音机吗？

还有一点我要补充一下。

上面所计算的和牌的数目十七万多，这还是只就每副牌所包含的十四只的情形而言的。游戏规则说，参加游戏者只可在五十六只牌中选出十四只"排"成和牌一副，如与本公司所"排定"之和牌"完全"相同……假如这条规定的本意是不但要你猜中他所"排定"的那一副和牌是用的哪十四只牌，而且还必须"排"得一样，那么，朋友，这个数目可够你算了。一副和牌排法最多的，就是十四只牌中除一个对子外都不相同的，它的排法是：

$$\frac{_{14}P_{14}}{_{2}P_{2}} = \frac{14!}{2!} = 7 \times 13! = 435891456$$

而最少的——含四组三同色组和一对的——也有 168168 种排法。

$$\frac{_{14}P_{14}}{_{3}P_{3} \times _{3}P_{3} \times _{3}P_{3} \times _{3}P_{3} \times _{2}P_{2}} = \frac{14!}{3!3!3!3!2!} = 168168$$

十七万多副和牌的排法共有多少，这个数够你算了吧？而算了出来，你有办法说清楚吗？

假如棕榄公司的经理是要你"排"得"完全"和他"排定"的相同，你要猜中岂不是如大海捞针一般！

九　韩信点兵

在我还只有八岁的时候，常常随我的祖父去看望他的老友。有一次到一个小盐商家去，他一见我们祖孙俩走到摊位前，一边拉出长板凳，一边向祖父说：

"请坐，请坐，好福气，四孙少爷这般大了。"

"什么福啊！奔忙福！"

"哪里，哪里，四孙少爷已经上学了吧！"

"不要这般叫孩子们——今年已随着哥哥进学校了，在屋里淘气得很，还是去找地方管着的好。"祖父说完，微笑着抚摸我的头。盐老板和他说了一些话，不知怎的，突然却转到了我的身上：

"在学校里念些什么书？"

"国文、算术……"我这样回答。

"还学算吗？好，给你出一个题，算得出，请你吃晚饭。"

这使我有点儿奇怪，我心里猜不透他是叫我算乘法还是除法。我有些恐慌，怕他叫我算四则问题。我目不转睛地看着他，他不慌不忙地说了出来：

"三个三个地数剩两个，五个五个地数剩三个，七个七个地数也剩两个，你算是几个？"

我听了心里非常高兴，暗里还有点儿骄傲："这样的题目，哪个不会算！"这时我正好学完公倍数和公约数，而且不久前还算过这样一个题目：

"某数以三除之余二，以四除之余三，以五除之余四，以六除之余五，问某数最小是多少？"

我把这两个题目看成是一样的，因为它们都是用几个数去除一个数且全除不尽。这第二个题的算法我还记得十分清楚，所以我觉得很有把握。不仅如此，我还觉得这位老板的题目有些不通，他应该只问我一个最小的答数。当我这样寻思的时候，祖父便问道：

"算得出吗？"

"算得出，不止一个答数。"我这样回答以后，那位老板就恭维起我来了，对着祖父说：

"真好福气！一想就想出来了，将来一定比大老爷还强。"

祖父又是一阵客气，然后对我说：

"你说一个答数看。"

我所算过的题，是先求出 3、4、5、6 这四个数的最小公倍数 60，然后减去 1 得 59。我于是依样先求 3、5、7 这三个数的最小公倍数，心里暗想着："三五十五，七五三十五，一百零五。"再就是要减去一个数了。我算过的题因为"以三除之余二"是差个一——3-2=1——就除尽，所以要减去"一"。现在"三个三个地数剩两个"正是一样的，也只要减去"一"。所以我就从一百零五当中减去一，然后立刻回答道：

"最小的一个数是一百零四，还有二百零九——104+105=209——也是的。"

这时，我幼稚的心上感到得意和快乐，期望得到老板的夸奖。岂知大出我意料之外！他说：

"一百零四，五个五个地数剩的是四个，不是三个。"

这我怎么不曾想到呢？于是我想，那么应当从一百零五当中减去二——5-3=2——了，我就说："一百零三。"

"三个三个的数只剩一了。"

我窘极了，居然遭遇了这么大的失败。在我小时学数学所遇到的窘迫中，这是最大的两次当中的一次。我觉得当着人失败非常害羞。我记得很清楚，我一只手扯着衣角，一只手捏紧拳头，脸上如火烧一般，低着头，尽管在心里转念头，把我所算过的题目都想到。但是徒然，和它相像的一个也没有了。我后来横了心，很胆大地说："恐怕题目出错了吧！"

然而得到的是一个使我更加窘迫的回答："不错的。"连我的祖父也这样说。

穷极智生，我居然得到了一条新路，我想三个去除剩两个，五个去除剩三个，我可以先找三个去除剩两个的一些数，再一个一个地拿五去除来试。这真是一条光明的路，第一个我想到的是"五"，这自然不对，用五去除并没有剩的。接着再就想到"八"，正好用三去除剩二，用五去除剩三。我真喜出望外："八！"

"还是不对，七个七个地数，只剩一个。"

这真叫我走投无路了！那天的晚饭虽则仍是那位老板留我们吃，但当祖父答应留在那里的时候，我非常难过，眼巴巴地只盼他领了我回家。我真是脸上热一阵冷一阵的，哪儿有心情吃饭！我想得头都涨了，总想不出这个答案来。羞愧、气闷，甚至还有些恼怒，就满心充塞着这些滋味，没精打采地在夜里随着祖父回家。我的祖父对我很慈爱，但督责也很严格，他在外面虽不曾向我说什么，一到家里，他就教训我了："读书要用心！……在别人的面前不好夸口！……'宁在人前全不会，勿在人前会不全！'小小年纪晓得些什么？别人问到就说不知道好了……"这时，他的脸上严肃中还带有几分生气的神情。

他给我这样的教训时，我的母亲、婶母、哥哥都在旁边，他后来慢慢地将我的遭遇说给他们听，我的哥哥听他说完了题目便脱口而出："二十三。"

我非常不服气："别人告诉过你的！"

"还这样不上进。"祖父真生气了。

从那夜起，一直持续了两三天，我见到祖父就怕。我无时无刻不在想这个题的算法，真弄得吃、玩、睡都是惝恍的。终于还是我的哥哥把算这个题目的秘诀告诉了我，还说这叫"韩信点兵"。这下我才虽是十分懊丧，却慢慢地想开了。

现在想起来，那次的遭遇以及祖父所给我的教训，实在是我的年龄所不应当承受的。不过这样的教育，对于我也有很大的功劳。我对数学能有较浓厚的兴趣，一半固然由于别人所给的积极的鼓励，而一半也由于这种差不多是我所担受不起的遭遇和教训。数学本来就是有时会叫人头痛的，然而经过一次头痛，总有一次进益。这次的遭遇，对于本问题，我自己直接虽是一无所得，但对于思索问题的途径，确实得到了不少的启示。在当时，有些自以为理解的，虽也不免不切实际或错误，但毕竟增长了一些趣味和能力。因此，我愿以十二分的诚意，将这段经过叙述出来，以慰勉一部分和我有相似遭遇的读者。

现在我们言归正传。

所谓"韩信点兵"，指的就是那位盐老板给我的题目的算法。"韩信点兵"这个名词虽是到了明时程大位的《算法统宗》才出现，但这个问题在中国数学史上却很有来历，连卖盐老板都知道，也可以当得起"妇孺皆知"的荣誉了。

这题目最早见于《孙子算经》，原是这样的：

"今有物不知数，三三数之，剩二；五五数之，剩三；七七数之，剩二，问物几何？"

在原书本归在《大衍求一术》中，到了宋时，周密的书中却有《鬼谷算》和《隔墙算》的名目，而杨辉又称之为"剪管术"，在那时便有"秦王暗点兵"的俗名。大概韩信就是从秦王变来的，至于"明点"还是"暗点"，那本没有多大关系。

原书上，跟着题目便有下面的一段：

"答曰二十三。"

"术曰：三三数之剩二，置一百四十；五五数之剩三，置六十三；七七数之剩二，置三十；并之，得二百三十三，以二百一十减之，即得。"

"凡三三数之剩一，则置七十；五五数之剩一，则置二十一；七七数之剩一，则置一十五；一百六以上，以一百五减之，即得。"

后一小段可以说是这类问题的基本算法，而前一小段却是本问题的解答，用现在的式子写出来便是：

70×2+21×3+15×2=140+63+30=233

233-105×2=233-210=23

前面的说法，自然是士大夫气很重，也可以说是讲义体，一般人当然很难明白，但到了周密的书中便有诗歌形式的说明，那诗道：

"三岁孩儿七十稀，五留廿一事尤奇，

七度上元重相会，寒食清明便可知。"

这诗虽然容易记诵，但意义不是很明白，而且说得也欠周到。到了程大位，它就改了面目：

"三人同行七十稀，五树梅花廿一枝，

七子团圆正半月，除百零五便得知。"

这首诗流传得非常广，而我哥哥所告诉我的秘诀就是它。

是的，知道了它，这类的题目便可以机械地算了，将3除所得的余数去乘70，5除所得的余数去乘21，7除所得的余数去乘15，再把这三项乘积相加。如所得的和比105小，那便是所求的答数；不然，则减去105的倍数而得出比105小的数来——这里所要求的只是一个最小的答数——例如三三数之剩一，五五数之剩四，七七数之剩三，那么，运算的程序便是：

70×1+21×4+15×3=70+84+45 =199

199-105= 94

若单只就实用或游戏来说，熟记这秘诀已经够用了。但从数学的立场来说，这种知其然而不知其所以然的态度却没有多大价值。并且即使熟记着这个秘诀，所能应付的问题不过一百零五个，因为只能限于三三、五五、七七三种数法。我们要默记这一百零五个答数并不是不可能的，然而如果真的熟记这一百零五个答数，那就更没有意义了。

所以我们首先要问，为什么这样就是对的？

要说明其中的理由，我们先记起算术里面关于倍数的两个定理：

（一）某数的倍数的倍数，还是某数的倍数。这正如我的哥哥的哥哥还是我的哥哥一般。

（二）某数的若干倍数的和，还是某数的倍数。这正如我的几个哥哥坐在一起，他们仍然是我的哥哥一般。

　　依据这两个定理来检验上面的算法，设 R_3 表示用三除所得的余数，R_5 和 R_7 相应地表示用五除和用七除所得的余数，那么：

　　（1）70 是 5 和 7 的倍数，而是 3 的倍数多 1，所以用 R_3 去乘仍是 5 和 7 的倍数，而是 3 的倍数多 R_3。

　　（2）21 是 7 和 3 的倍数，而是 5 的倍数多 1，所以用 R_5 去乘仍是 7 和 3 的倍数，而是 5 的倍数多 R_5。

　　（3）15 是 3 和 5 的倍数，而是 7 的倍数多 1，所以用 R_7 去乘仍是 3 和 5 的倍数，而是 7 的倍数多 R_7。

　　（4）所以这三项相加，就 3 来说，是：

$70 \times R_3 + 21 \times R_5 + 15 \times R_7 = 3$ 的倍数 $+R_3+3$ 的倍数 $+3$ 的倍数 $=3$ 的倍数 $+R_3$

　　若用 3 去除所得的余数正是 R_3。就 5 说，是：

$70 \times R_3 + 21 \times R_5 + 15 \times R_7 = 5$ 的倍数 $+5$ 的倍数 $+R_5+5$ 的倍数 $=5$ 的倍数 $+R_5$

　　若用 5 去除所得的余数正是 R_5。就 7 说，是：

$70 \times R_3 + 21 \times R_5 + 15 \times R_7 = 7$ 的倍数 $+7$ 的倍数 $+7$ 的倍数 $+R_7=7$ 的倍数 $+R_7$

　　若用 7 去除所得的余数正是 R_7。

　　这就可以证明我们如法炮制出来的数是合题的。至于在比 105 大的时候，要减去它的倍数，使得数小于 105，这是因为适合于题目的答数本来是无穷的，只得取最小的一个数做代表。105 本是 3、5、7 的最小公倍数，在这最小的答数上加入它的倍数，这和除得的余数是没有关系的。

　　经过这样的证明，我们可以承认上面的算法是对的了。但这还不够，我们还要问，那 70、21、15 三个数含有怎样的性质呢？

　　70 是 5 和 7 的公倍数，而 21 是 7 和 3 的最小公倍数，15 是 3 和 5 的最小公倍数，为什么两个是最小公倍数而一个却只是公倍数呢？

　　这个问题并不难回答，因为 21 用 5 除，15 用 7 除都恰好剩 1，而 5 和 7 的最小公倍数 35 用 3 除剩的却是 2，要 70 用 3 除才剩 1。所以这个解法的要点是要求出三个数来，每一个都是三个除数中的两个的公倍数——最小公倍数是碰巧的——而同时是它一个除数的倍数多 1。

这样，就到了第三步，我们要问，合于这种条件的数要怎样求出来呢？

这里且将清代黄宗宪所编的《求一术通解》里面的方法摘抄在下面，我们来认识一下中国古代数学书的面目，也是一件趣事。

一行泛母 |||	析母 |||	定母 |||		衍数 ||||
二行泛母 ||||	析母 ||||	定母 |||||	衍母 |O||||	衍数 |⊢
三行泛母 ⊤	析母 ⊤	定母 ⊤		衍数 ≣

"三位泛母俱是数根，不可析，即为定母。连乘之，得105为衍母。以一行三除之，得三十五为一行衍数；以二行定母五除之，得二十一为二行衍数；以三行定母七除之，得一十五为三行衍数。"

这里所谓的泛母，不用解释，便可明白。析母就是将泛母分成质因数。至于定母，便是各泛母所单独含有的质因数的积。若是有一个质因数是两个以上的泛母所共有的，那么只是含这个质因数的个数最多的泛母用它；若是两个泛母所含这质因数的个数相同，那么随便哪一个泛母用它都可以。注意后面的另一个例子，衍母是各定母的连乘积，也就是各泛母的最小公倍数，衍数是用定母除衍母所得的商。

得了定母和衍数，就可以求乘率。所谓乘率，便是乘了衍数所得的积恰等于泛母的倍数多1的数，而这个乘积称为用数。求乘率的方法，在《求一术通解》里面是这样说的：

"列定母于右行，列衍数于左行（左角上预寄一数），辗转累减，至衍数余一为止，视左角上寄数为乘率。

"按两数相减，必以少数为法，多数为实；其法上无寄数者，不论减若干次，减余数上仍以一为寄数（1）；其实上无寄数者，减余数上以所减次数为寄数（2）；其法实上俱有寄数者，视累减若干次，以法上寄数亦累加若干次于实上寄数中（3）；即得减余数上之寄数矣。"

　　照这个法则我们来求所要的各乘率。为了容易明白，我将原式的汉字改成了阿拉伯数字：

定母 3	3	1^1	
衍数 ^{1}35	^{1}2	^{1}2	^{2}1

所以乘率是 2。

定母 5	
衍数 ^{1}21	^{1}1

所以乘率是 1。

定母 7	
衍数 ^{1}15	^{1}1

所以乘率是 1。

　　依原书所说，是用累减法，但累减便是除，为什么不老老实实地说除，而要说是累减呢？这是因为最后衍数这一行必要保留一个余数 1，所以即使除得尽也不许除尽。因此说除不如说累减来得统一。但我们这时要说明，还是用除好些。我们就用除法来检查这个计算法。如第一式，衍数 35 左角上的 1，就是所谓预寄的一数，表示用一个衍数的意思。因为定母 3 比衍数 35 小，用 3（法）去除 35（实）得 11 剩 2。照（1）法上无寄数，仍以 1 为余数 2 的寄数，所以 2 的左角上写 1。接着以 2（法）除 3（实）得 1（商）剩 1。照（2）实上无寄数，以所减次数（即商数）为余数的寄数，所以 1 的右角上还是 1。再用这 1（法）去除 2（实）本来是除得尽的，但应当保留余数 1，因此只能商 1 而剩 1。照（3）法实都有寄数，应当以商数 1 乘法数 1 的寄数 1，加上实数 2 的寄数 1，得 2 为余数 1 的寄数，而它便是乘率。

　　第一次的余数 2=35-3×11

　　第二次的余数 1=3-2×1=3- 第一次的余数 ×1=3-1-(35-3×11)×1

　　第三次的余数 1=2-1×1

$$= 第一次的余数 - 第二次的余数 ×1$$

$$=35-3×11-[\,3-(35-3×11)×1\,]×1$$

$$=35-3×11-3×1+35×1+3×11×1×1$$

$$=35 \times (1+\mathbf{1})-3 \times (11-1+11)$$
$$=35 \times \dot{2}-3 \times 21$$

就是　$3 \times 21=35 \times 2-1$　$\therefore \dfrac{35 \times 2}{3}=21\cdots\cdots 1$

上式中"·"表示所求得的乘率，黑体字表示每次的寄数。你看这求法多么巧妙！现在用代数的方法证明如下：设 A 为定母，B 为衍母，$a_0 a_1 a_2 \cdots a_n$ 为各次的寄数，$r_0 r_1 r_2 \cdots r_n$ 为各次的余数，而 r_n 等于 1，依上面的式子写出来便是：

定母 A	A	$r1^{a_1}$	……	
衍数 ^{a_0}B	$^{a_0}r_0$	$^{a_0}r_0$	……	$^{a_n}r_n(1)$

而 $r_0=B-t_0 A$

$r_1=A-a_1 r_0=A-a_1(B-t_0 A)=A_1-a_1 B+a_1 t_0 A$

　$=t_1 A-a_1 B$　　　　　　　$t_1=t_0+1$

$r_2=r_0-g_2 r_1=(B-t_0 A)-q_2(t_1 A-a_1 B)=B-t_0 A-q_2 t_1 A+q_2 a_1 B$

　$=a_1 B-t_2 A$　　　　　　　$t_2=q_2 t_1+t_0$

$r_3=r_1-q_3 r_2=(t_1 A-a_1 B)-q_3(a_2 B-t_2 A)$

　$=t_3 A-a_3 B$　　　　　　　$t_3=q_3 t_2+t_1$

……

$\therefore r_n=a_n B-t_n A$　　　　　$t_n=q_n t_{n-1}+t_{n-2}$

　　　　　　　　　　　　$a_n=q_n a_{n-1}+a_{n-2}$

但 $r_n=1$　　　　$\therefore 1=a_n B-t_n A$

就是　　　　　　　$a_n B=t_n A+1$

$\therefore \dfrac{a_n B}{A}=\dfrac{t_n A+1}{A}=t_n \cdots\cdots 1$

有了乘率，将它去乘衍数就得用数，上面已经证明了。所以在本例题中，3、5、7 的用数相应地便是 70(35 × 2)，21(21 × 1) 和 15(15 × 1)。

杨辉的"剪管术"中，同样的题目有好几个，试取两个照样演算于下。

（一）七数剩一，八数剩二，九数剩三，问本数几何？

（1）求衍数

泛母	析母	定母	衍母	衍数
7	7	7		72
8	8	8	504	63
9	9	9		56

（2）求乘率

定母 7	7	1^{3}	
衍数 $^{1}72$	$^{1}2$	$^{1}2$	$^{4}1$

所以乘率是 4。

定母 8	8	1^{1}	
衍数 $^{1}63$	$^{1}7$	$^{1}7$	$^{7}1$

所以乘率是 7。

定母 9	9	1^{4}	
衍数 $^{1}56$	$^{1}2$	$^{1}2$	$^{5}1$

所以乘率是 5。

（3）求用数，就是将相应的乘率去乘衍数，所以 7、8、9 的用数相应地为 288(72 × 4)，441(63 × 7) 和 280(56 × 5)。

（4）求本数，就是将各除数所除得的剩余相应地乘各用数，而将这三个乘积加起来。倘若这所得的和比 7、8、9 的最小公倍数 504 大，就将 504 的倍数减去，也就是用这最小公倍数除所得的和而求余数。

因而 288 × 1+441 × 2+280 × 3=288+882 +840=2010

2010 ÷ 504=3……498

所以 498 便是本数。

（二）二数余一，五数余二，七数余三，九数余四，问元总数几何？

（1）求衍数

泛母	析母	定母	衍母	衍数
2	2	2		315
5	5	5	630	126
7	7	7		90
9	9	9		70

（2）求乘率

定母 2	
衍数 ^{1}315	^{1}1

所以乘率是 1。

定母 5	
衍数 ^{1}126	^{1}1

所以乘率是 1。

定母 7	7	1^1	
衍数 ^{1}90	^{1}6	^{1}6	^{6}1

所以乘率是 6。

定母 9	9	2^1	
衍数 ^{1}70	^{1}7	^{1}7	^{4}1

所以乘率是 4。

（3）求用数

2 的……315×1=315　　5 的……126×1=126

7 的……90×6=540　　9 的……70×4=280

（4）求本数

315×1+126×2+540×3+280×4=315+252+1620+1120=3307

3307÷630=5……157

所以元总数是 157。

再由《求一术通解》上取一个较复杂的例子，就更可以看明白这类题的算法了。

"今有数不知总：以五累减之，无剩；以七百一十五累减之，剩一十；以二百四十七累减之，剩一百四十；以三百九十一累减之，剩二百四十五；以一百八十七累减之，剩一百零九，问总数若干？"

"答：一万零二十。"

（1）求衍数

泛母	析母	定母	衍母	衍数
5	5	废位		
715	$5 \cdot \times 11 \cdot \times 13$	55		96577
247	$13 \cdot \times 19 \cdot$	247	5311735	21505
391	$17 \cdot \times 23 \cdot$	391		13585
187	11×17	废位		

（2）求乘率

定母 55	55	3^1	
衍数 ^{1}96577	^{1}52	^{1}52	^{18}1

所以乘率是 18。

定母 247	247	7^{15}	7^{15}	1^{108}	
衍数 ^{1}21505	^{1}16	^{1}16	^{31}2	^{31}2	^{139}1

所以乘率是 139。

定母 391	391	100^1	100^1	9^4	
衍数 ^{1}13585	^{1}291	^{1}291	^{3}91	^{3}91	^{43}1

所以乘率是 43。

（3）求用数

715 的…96577×18 =1738386

247 的…21505×139=2989195

391 的…13585×43=584155

（4）求总数

1738386×10 +2989195×140+584155×245

=17383860+418487300+143117974

=578989135

578989135÷5311735=109……10020

这个计算所要注意的就是"废位"，第一行的析母5，第二行也有，第二行已用了（数旁记黑点就是表示采用的意思），所以第一行可废去。第五行的11和17，一个已用在第二行，一个已用在第四行，所以这一行也废去。前面已经说过，两个泛母若有相同的质因数而且所含的个数相同，无论哪个泛母采用都可以，因此上面的求衍数只是方法中的一种。在《求一术通解》里，就附有左列每种采用法的表，比较起来这一种实在是最简单的了（表中的○表示废位）。

析母	5	5×11×13	13×19	17×23	11×17	
	○	55	247	391	○	1
	○	715	19	391	○	2
	○	55	247	23	17	3
	○	715	19	23	17	4
	○	5	147	391	11	5
	○	65	19	391	11	6
定	○	5	247	23	187	7
	○	65	19	23	187	8
	5	11	247	391	○	9
母	5	143	19	391	○	10
	5	11	247	23	17	11
	5	143	19	23	17	12
	5	○	247	391	11	13
	5	13	19	391	11	14
	5	○	247	23	187	15
	5	13	19	23	187	16

由这几个例子，可以看出"韩信点兵"不限于三三、五五、七七地数。在中国古代数学上，《大衍求一术》还有不少应用，不过在这篇短文里就不再讲了。

到了这一步，我们可以问："'韩信点兵'这类的问题在西方数学中怎样解决呢？"

要回答这个问题，你先要记起代数中联立方程式的解法来。不，首先要记起一般联立方程式所应具备的必要条件，即方程式的个数应当和它们所含未知数的个数相等。所以，二元的要有两个方程式，三元的要有三个，倘使方程式的个数比它们所含未知数的个数少，那就不能得出一定的解答，因此我们称它为不定方程式（Indeterminations of a system of equation）。

两个未知数而只有一个方程式，例如：

$5x+10y=20$

我们若将 y 当作已知数看，依照解方程式的顺序来解便可，而且也只能得出下面的式子：

$x=4-2y$

在这个式子当中，任意用一个数去代 y，x 都有一个相应的数值，如：

$y=0$，$x=4-2\times0=4$；　　$y=1$，$x=4-2\times1=2$；

$y=2$，$x=4-2\times2=0$；　　$y=3$，$x=4-2\times3=-2$；

$y=-1$，$x=4-2\times(-1)=6$；　……

y 的数值既然可以任意定，所以这方程式的根便是不定的。

有三个未知数，而只有两个方程式，比如：

$x+y-3z=8$……（1）

$2x-5y+z=2$……（2）

依照解联立方程式的法则，从这两个方程式中可以随意先消去一个未知数。若要消去 z，就用 3 去乘（2），再和（1）相加，便得：

$$6x-15y+3z+x+y-3z=6+8$$

$$7x-14y=14$$

再移含有 y 的项到右边，并且全体用 7 去除，就得：

$x=2(y+1)$

同前例一样的理由，这个方程式中 y 的值可以任意选用，所以是不定的，而 x 的值也就不定了，x 和 y 的值都不一定，z 的值跟着更是不定，如：

y=1，x=4，代入（1）z=-1　　　代入（2）z=-1

y=2，x=6，代入（1）z=0　　　代入（2）z=0

……

就这种情形推下去，联立方程式的个数只要比它们所含的未知数的个数少，就得不出一定的解答来。

这样说起来，不定方程式不是一点儿用场都没有了吗？这个疑问自然是应当有的，不过有无用场实在难说。仔细考察起来，不定方程式虽然没有一定的解答，但它却将所含的未知数间的关系加上了限制。即如第一个例子，x 和 y 的数值虽然不定，但若 y 等于 0，x 就只能等于 4；若 y 等于 1，x 就只能等于 2。再就第二个例子来说，也有同样的情形。这种关系倘若再得到别的条件来补充，那么，解答就不是漫无限制的了。本来一个方程式也不过表示几个未知数在某种情形下所具有的关系，也就只是一个条件。

我们就用"韩信点兵"的问题来做例子吧。

设三三数所数的次数为 x，五五数所数的次数为 y，七七数所数的次数为 z，而原数为 N，则：

$$N = 3x+2 = 5y+3 = 7z+2$$

$$\therefore 3x+2=5y+3 \cdots\cdots（1）\qquad 3x+2=7z+2 \cdots\cdots（2）$$

这有三个未知数而只有两个方程式，但我们应当注意，x、y、z 都必须是正整数，这便是一个附带的条件。

由（1）可得：$x = \dfrac{5y+1}{3} = y + \dfrac{2y+1}{3}$

因为 x 和 y 是正整数，所以 $\dfrac{2y+1}{3}$ 虽是一个分数的形式，但也必须是整数，设它是 α，那么：

$$\dfrac{2y+1}{3} = \alpha \qquad \therefore 2y+1 = 3\alpha, y = \dfrac{3\alpha-1}{2} = \alpha + \dfrac{\alpha-1}{2}$$

因为 y 和 x 都是整数，所以 $\dfrac{\alpha-1}{2}$ 也必须是整数，设它是 β，则：

$$\dfrac{\alpha-1}{2} = \beta \qquad \therefore \alpha-1 = 2\beta, \alpha = 2\beta+1$$

$$\therefore y = \alpha + \beta = 2\beta+1+\beta = 3\beta+1$$

$$x = y+\alpha = 3\beta+1+2\beta+1 = 5\beta+2$$

而 $N = 3x+2 = 3(5\beta+2)+2 = 15\beta+8$

由（2）可得：$15\beta + 8 = 7z + 2$　　　$\therefore 7z = 15\beta + 6$

$$\therefore z = \frac{15\beta + 6}{7} = 2\beta + \frac{\beta + 6}{7}$$

因为 z 和 β 都是正整数，所以 $\dfrac{\beta + 6}{7}$ 也必须是整数，设它是 γ，则：

$$\frac{\beta + 6}{7} = \gamma \qquad\qquad \therefore \beta + 6 = 7\gamma \qquad\qquad \beta = 7\gamma - 6$$

而 $z = 2(7\gamma - 6) + \dfrac{(7\gamma - 6) + 6}{7} = 14\gamma - 12 + \gamma = 15\gamma - 12$

$N = 7z + 2 = 7(15\gamma - 12) + 2 = 105\gamma - 82$

现在 γ 既是整数，又不能是负数，因为它若是负数，N 也便是负数，对于题目来说便没有意义了。所以 γ 至少是 1，而：

$N = 105 - 82 = 23$

自然 γ 可以是 2、3、4、5、6……而 N 随着便是 128、233、338、443、548……但 N 的值虽无穷却有一个限制。

既然说到代数的不定方程式，无妨顺着再说一点儿。

①解方程式 $3x + 4y = 22$，x 和 y 的值限于正整数。

先将含 y 的项移到右边，则得：

$\qquad \because 3x = 22 - 4y$

$\qquad \therefore x = \dfrac{22 - 4y}{3} = 7 - y + \dfrac{1 - y}{3}$

因为 x 和 y 都是正整数，而 7 本来是整数，所以 $\dfrac{1-y}{3}$ 也应当是整数，设它等于 α，则：

$$\frac{1 - y}{3} = \alpha \qquad\qquad 1 - y = 3\alpha$$

$\qquad \therefore y = 1 - 3x \cdots\cdots （1）$

$\qquad\qquad x = 7 - (1 - 3\alpha) + \alpha = 6 + 4\alpha \cdots\cdots （2）$

由（1）：y 既是正整数，α 也是整数，所以 α 或是等于零或是负数，绝不能是正数。

由（2）：x 既是正整数，α 也是整数，所以 α 应当是正数或是等于零，最小只能等于负 1。

合看这两个条件，α 只能等于零或负 1，而：

α =0，x=6，y=1

α =-1，x=2，y=4

②解方程式 5x-14y =11，x 和 y 的值限于正整数。

移项 5x=11+14y

$$\therefore \ x= \frac{11+14y}{5} =2+2y+ \frac{1+4y}{5}$$

因为 x、y、2 都是整数，所以 $\frac{1+4y}{5}$ 也应当是整数，但这里和前一个例子不同，不好直接就设它等于 α，因为如果 $\frac{1+4y}{5}$ = α，则 1+4y=5 α，y= $\frac{5\alpha -1}{4}$ 仍是一个分数的形式。要避开这个困难，必要的条件是使原来分数的分子中 y 的系数为 1。幸好这是可能的，不是吗？整数的倍数仍然是整数，我们无妨用一个适当的数去乘这个分数，就是乘它的分子。所谓适当，就是乘了以后，y 的系数恰等于分母的倍数多 1。这好像又要用到前面所说的求乘率的方法了。实际还可以不必这么大动干戈，乘数总比分母小，由观察便可得到了。在本例中，则可用 4 去乘，便得：

$$\frac{4+16y}{5} =3y+ \frac{4+y}{5}$$

而 $\frac{4+y}{5}$ 应当是整数，设它等于 α，则：

$$\frac{4+y}{5} = \alpha \ 、4+y=5\alpha \ 、y=5\alpha -4 \cdots\cdots （1）$$

$$\therefore \ x= \frac{11+14y}{5} = \frac{11+14(5\alpha -4)}{5} = \frac{70\alpha -45}{5} =14\alpha -9 \cdots\cdots （2）$$

这里和前例也有点不同，由（1）和（2）看来，α 只要是正整数就可以，不必再有什么限制，所以：

α =1，x=5，y=1；

α =2，x=19，y=6；

α =3，x=33，y=11；……

这样的解答是无穷的。

将中国的老方法和现在我们所学的新方法两相比较，究竟哪一种更好些，这虽很难说，但由此可以知道，一个问题的解法绝对不止有一种。

当学习数学的时候，能够注意别人的算法以及自己另辟蹊径去走，都是有兴味和益处的。中国的"求一术"不但在中国数学史上占着很重要的位置，若能发扬光大，正有不少问题可以研究。

〔附注〕一个数用三去除，有三种情形：一是剩 0（就是除尽），二是剩 1，三是剩 2。同样，用五去除有五种情形：剩 0、1、2、3、4，用七去除有七种情形：剩 0、1、2、3、4、5、6。从三除的三种情形中任取一种，和五除的五种情形中的任一种，以及七除的七种情形中的任一种配合，都能成一个"韩信点兵"的题目，所以一共有 3×5×7=105 个题。而这 105 个题的最小答数，恰是从 0 到 104。这 105 个数中，把它们排列起来可以得出下面的表。

R_3	R_7 \ R^5	0	1	2	3	4
0	0	0	21	42	63	84
	1	15	36	57	78	99
	2	30	51	72	93	9
	3	45	66	87	3	24
	4	60	81	102	18	39
	5	75	96	12	33	54
	6	90	6	27	48	69
1	0	70	91	7	28	49
	1	85	1	22	43	64
	2	100	16	37	58	79
	3	10	31	52	73	94
	4	25	46	67	88	4
	5	40	61	82	103	19
	6	55	76	97	13	34
2	0	35	56	77	98	14
	1	50	71	92	8	29
	2	65	86	2	23	44
	3	80	101	17	38	59
	4	95	11	32	53	74
	5	5	26	47	68	89
	6	20	41	62	83	104

这个表的构造是这样的：

（1）R_3的一列的0、1、2表示三个三个地数的余数。

（2）R_7的一列的0、1、2、3、4、5、6表示七个七个地数的余数。

（3）R_5的一排的0、1、2、3、4表示五个五个地数的余数。

（4）中间的数便是105个相当的答数。

所以如果说三数剩二，五数剩三，七数剩二，答数就是第三大横排的第四列的第三数，二十三。如果说三数剩一，五数剩二，七数剩四，答数便是第二大横排的第三列的第五数，六十七。

表中各数的排列，仔细观察，也很有趣：

（1）就三大横排来说，同列同小排的数次第加70——超过105，则减去它——正是泛母三的用数。

（2）就每个小横排来说，次第加21——超过105，则减去它——正是泛母五的用数。

（3）就每个大横排中的各列来说，次第加15——超过105，则减去它——正是泛母七的用数。

这个理由自然是稍加思索就会明白的。

十　王老头子的汤圆

一

　　曾经有一位幼年时的邻居，从家乡出来的，跑来看望我。见着故乡人，想起故乡事，碰见这么一位幼年朋友，我们在心境上好似已返壮还童，一直谈着幼年的往事，一切淘气事都曾谈到。最后不知怎么一来，话头却转到死亡上去，朋友很郑重地说出这样的话来：

　　"王老头子，卖汤圆的，已故去两年了。"

　　一个须发全白，精神饱满，笑容可掬的老头子的形象，顿时从我的心底浮到了心尖上。他叫什么名字，我不知道，因为一直只听到人家叫他王老头子，没有人提过他的名字。从我会自己走到他的店里吃汤圆的时候起，他的头上已顶着银色的头发，嘴上已堆着雪白的胡须，十足是一个老头子的样子。祖父曾经告诉过我，王老头子在我们住的那条街上开汤圆店已有二三十年。祖父和许多人都常说，王老头子很古怪，每天只卖一盘子汤圆，卖完就收店，喝包谷烧，照例四两。他今天卖的汤圆，便是昨天夜里做的。真的，当我起得很早的时候，要是走到王老头子的店门口，就可以看见他在生火。只见，他的桌上有一只盘子，盘子里堆着雪白细软的一盘汤圆，下面方方正正的，上面尖尖的。用现在我所知道的东西的形式来说，那就有点像金字塔；假如要用数学教科书上的名字，那就是正方锥。

王老头子已经故去两年，他做了至少四五十年的汤圆，在这四五十年中，每天都做方方正正的、尖峭峭的一盘，他这一生替人们做过多少汤圆哟，我想替他算一算。然而我不能算，因为我不曾留意过那一盘汤圆从顶到底共有多少层。我现在只来说一说，假如知道了它的层数，这总数该怎样计算，可作为对王老头子的纪念。

二

这类题目的算法，在西洋数学中叫作积弹（Piles of Shot）和拟形数（Figurate munbers），又叫拟形级数（Figurate series），在中国叫垛积，旧数学中和它类似的算法，属于"少广"一类。最早见于朱世杰的《四元玉鉴》中茭草形段、如像招数和果垛叠藏各题，后来郭守敬、董祐诚、李善兰这些人的著作把它讲得更详细。

这里我们先说积弹。积弹的计算法已有一定的公式，因为堆积的方法不同，分为四类：如第一图各层是成正方形的，第二图各层是成正三角形的，第三图各层是成矩形的，但这三种到顶上都是尖的，第四图各层都成矩形，而顶上是平的。用数学上的名字来说，第一图是正方锥，第二图是正三角锥，第三图侧面是等腰三角形，正面是等腰梯形，第四图侧面和正面都是等腰梯形。

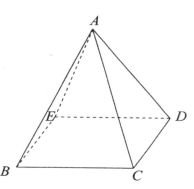

第一图

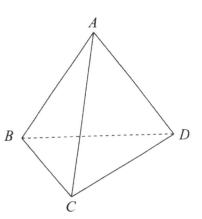

第二图

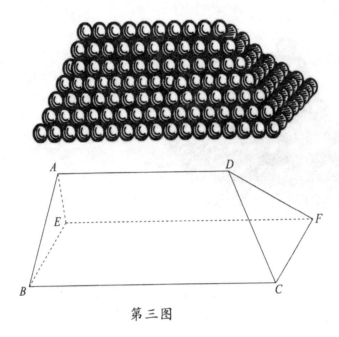

第三图

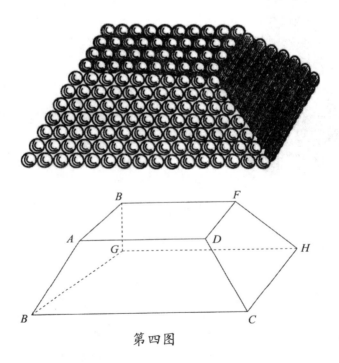

第四图

所谓弹积，一般是知道了层数计算总数，在这里且先将各公式写出来。

（1）设 n 表示层数，也就是王老头子的汤圆底层每边的个数，则汤圆的总数是：

$$S_n = \frac{n(n+1)(2n+1)}{1 \times 2 \times 3}$$

所以，若是王老头子的那盘汤圆有十层，那就是 n 等于 10，因此：

$$S_n = \frac{10 \times 11 \times 21}{1 \times 2 \times 3} = 385$$

（2）若王老头子的汤圆是按照第二图的形式堆，那么：

$$S_n = \frac{n(n+1)(n+2)}{1 \times 2 \times 3}$$

所以，他若是也只堆十层，总数便是：

$$S_n = \frac{10 \times 11 \times 12}{1 \times 2 \times 3} = 220$$

（3）这一种不但和层数有关系，并且与顶上一层的个数也有关系，设顶上一层有 p 个，则：

$$S_n = \frac{n(n+1)(3p+2n-2)}{1 \times 2 \times 3}$$

举个例说，若第一层有五个，一共有十层，就是 p 等于 5，n 等于 10，则：

$$S_n = \frac{10 \times 11 \times (3 \times 5 + 2 \times 10 - 2)}{1 \times 2 \times 3} = \frac{10 \times 11 \times 33}{1 \times 2 \times 3} = 605$$

（4）自然这种和第一层的个数也有关系，而第一层既然也是矩形，它的个数就和这矩形的长、宽两边的个数有关。设顶上一层长边有 a 个，阔边有 b 个，则：

$$S_n = \frac{n}{1 \times 2 \times 3}[6ab+3(a+b)(n-1)+(n-1)(2n-1)]$$

举个例子说，若第一层的长边有五个，阔边有三个，一共有十层，就是 a 等于 5，b 等于 3，n 等于 10，则：

$$S_n = \frac{10}{1 \times 2 \times 3} \times [6 \times 5 \times 3 + 3 \times 8 \times 9 + 9 \times 19] = 795$$

不用说，在已经有公式的情况下，只要照它计算出一个总数，这是很容易的。不过，我们的问题是这个公式是怎样得来的。

要证明这个公式，我们有三种方法。

三

首先我们来说说数学的归纳法的证明。

什么叫数学的归纳法，在堆罗汉中已经说过，这里要证明的第一个公式，也是那篇里已经证明过的，这里再简略地说一说。

所谓数学的归纳法，一共含有三个步骤：

（Ⅰ）就几个特殊的数，发现一个共同的式子。

（Ⅱ）假定这式子对于 n 是对的而造出一个公式来。

（Ⅲ）设 n 变成了 n+1，看这式子的形式是否改变。若不曾改变，那么，这式子就成立了。

由（Ⅱ）和（Ⅲ）知道这式子关于 n 是对的，关于 n+1 也就是对的。而由（Ⅰ）已知它关于几个特殊的数是对的——其实有一个就够了，不过（Ⅰ）只由一个特殊的数要发现较普遍的公式的形式比较困难。设若关于 2 是对的，那么关于 2 加 1 也是对的。2 加 1 是 3，关于 3 是对的，3 加 1 是 4，自然关于 4 也是对的。这样一步一步地往上推，关于 4 加 1 的"5"，5 加 1 的"6"，6 加 1 的"7"……就都对了。

以下就用这个方法来证明上面的公式：

（1）$S_n = \dfrac{n(n+1)(2n+1)}{1 \times 2 \times 3}$

王老头子汤圆的堆法，各层都是正方形，顶上一层是一个，第二层一边是二个，第三层一边是三个，第四层一边是四个……这样到第 n 层，一边便是 n 个。而正方形的面积，等于一边的长的平方。所以若就各层的个数来说，王老头子每夜所做的一盘汤圆便是：

$$S_n=1^2+2^2+3^2+4^2+\cdots+n^2$$

第一步我们容易知道：

$$1^2=\frac{1\times(1+1)\times(2\times1+1)}{1\times2\times3}=1$$

$$1^2+2^2=\frac{2\times(2+1)\times(2\times2+1)}{1\times2\times3}=5$$

$$1^2+2^2+3^2=\frac{3\times(3+1)\times(2\times3+1)}{1\times2\times3}=14$$

$$1^2+2^2+3^2+4^2=\frac{4\times(4+1)\times(2\times4+1)}{1\times2\times3}=30$$

第二步，我们就假定这种式子关于 n 是对的，而得公式：

$$S_n=\frac{n(n+1)(2n+1)}{1\times2\times3}$$

这就到了第三步，这假定的公式对于 n+1 也对吗？我们在这假定的公式中，两边都加上 $(n+1)^2$，这便是 S_{n+1}，所以：

$$S_{n+1}=S_n+(n+1)^2=\frac{n(n+1)(2n+1)}{1\times2\times3}+(n+1)^2$$

$$=\frac{n(n+1)(2n+1)+6(n+1)^2}{1\times2\times3}$$

$$=\frac{n(n+1)[n(2n+1)+6(n+1)]}{1\times2\times3}$$

$$=\frac{(n+1)[2n^2+7n+6]}{1\times2\times3}$$

$$=\frac{(n+1)(n+2)(2n+3)}{1\times2\times3}$$

$$=\frac{(n+1)(\overline{n+1}+1)(2\overline{n+1}+1)}{1\times2\times3}$$

这最后的形式和我们所假定的公式完全一样,所以我们的假定是对的。

（2）$S_n = \dfrac{n(n+1)(n+2)}{1 \times 2 \times 3}$

这公式是用于正三角锥形的，所谓正三角锥形，第一层是一个，第二层是一个加二个，第三层是一个加二个加三个，第四层是一个加二个加三个加四个……这样推下去到第 n 层便是：

1+2+3+4+…+n

而总和便是：

S_n=1+(1+2)+(1+2+3)+(1+2+3+4)+…+(1+2+3+4+…+n)

第一步，我们找出：

$$1 = \frac{1 \times (1+1)(1+2)}{1 \times 2 \times 3} = 1$$

$$1+(1+2) = \frac{2 \times (2+1) \times (2+2)}{1 \times 2 \times 3} = 4$$

$$1+(1+2)+(1+2+3) = \frac{3 \times (3+1) \times (3+2)}{1 \times 2 \times 3} = 10$$

$$1+(1+2)+(1+2+3)+(1+2+3+4) = \frac{4 \times (4+1) \times (4+2)}{1 \times 2 \times 3} = 20$$

第二步，我们就假定这式子关于 n 是对的，而得公式：

$$S_n = \frac{n(n+1)(n+2)}{1 \times 2 \times 3}$$

跟着到第三步，证明这假定的公式对于 n+1 也是对的，就是在假定的公式中两边都加上 $1+2+3+4+\cdots+n+\overline{n+1}$

$S_{n+1} = S_n + (1+2+3+4+\cdots+n+\overline{n+1})$

$$= \frac{n(n+1)(n+2)}{1 \times 2 \times 3} + (1+2+3+4+\cdots+n+\overline{n+1})$$

$$= \frac{n(n+1)(n+2)}{1 \times 2 \times 3} + \frac{(n+1)(\overline{n+1}+1)}{2}$$

$$= \frac{n(n+1)(n+2)}{1 \times 2 \times 3} + \frac{(n+1)(n+2)}{2}$$

$$= \frac{n(n+1)(n+2)+3(n+1)(n+2)}{1 \times 2 \times 3}$$

$$= \frac{(n+1)(n+2)(n+3)}{1 \times 2 \times 3}$$

$$= \frac{(n+1)(\overline{n+1}+1)(\overline{n+1}+2)}{1 \times 2 \times 3}$$

这最后的形式，不是和我们所假定的公式的形式一样吗？可见我们的假定是对的了。

（3）$S_n = \dfrac{n(n+1)(3p+2n-2)}{1 \times 2 \times 3}$

第一步和证明前两个公式的没有什么两样，我们无妨省事一点儿，将它略去，只来证明这公式对于 n+1 也是对的。这种堆法，第一层是 p 个，第二层是两个 (p+1) 个，第三层是三个 (p+2) 个……照样推下去，第 n 层是 n 个 (p+$\overline{n-1}$) 个。所以：

$$S_n = p+2(p+1)+3(p+2)+\cdots+n(p+\overline{n-1})$$

$$S_{n+1} = p+2(p+1)+3(p+2)+\cdots+(n+1)(p+n)$$

假定上面的公式关于 n 是对的，则：

$$S_{n+1} = S_n + (n+1)(p+n)$$

$$= \frac{n(n+1)(3p+2n-2)}{1 \times 2 \times 3} + (n+1)(p+n)$$

$$= \frac{n(n+1)(3p+2n-2)+6(n+1)(p+n)}{1 \times 2 \times 3}$$

$$= \frac{(n+1)[n(3p+2n-2)+6(p+n)]}{1 \times 2 \times 3}$$

$$= \frac{(n+1)(3np+6p+2n^2+4n)}{1 \times 2 \times 3}$$

$$= \frac{(n+1)[3p(n+2)+2n(n+2)]}{1 \times 2 \times 3}$$

$$= \frac{(n+1)(n+2)(3p+2n)}{1 \times 2 \times 3}$$

$$= \frac{(n+1)(\overline{n+1}+1)(3p+2\overline{n+1}-2)}{1 \times 2 \times 3}$$

不用说，这最后的形式和我们所假定的公式的形式完全一样，我们所假定的公式便是对的。

（4） $S_n = \dfrac{n}{1 \times 2 \times 3}[6ab+3(a+b)(n-1)+(n-1)(2n-1)]$

我们也来假定它关于 n 是对的，而证明它关于 n+1 也是对的。这种堆法，第一层是 ab 个，第二层是 (a+1)(b+1) 个，第三层是 (a+2)(b+2) 个……照样推下去，第 n 层便是 $(a+\overline{n-1})(b+\overline{n-1})$ 个，所以：

$$S_n = ab+(a+1)(b+1)+(a+2)(b+2)+\cdots+(a+\overline{n-1})(b+\overline{n-1})$$

而 $S_{n+1} = ab+(a+1)(b+1)+(a+2)(b+2)+\cdots+(a+\overline{n-1})(b+\overline{n-1})+(a+n)(b+n)$

假定上面的公式对于 n 是对的，则：

$$S_{n+1} = S_n + (a+n)(b+n)$$

$$= \frac{n}{1 \times 2 \times 3} \times [6ab+3(a+b)(n-1)+(n-1)(2n-1)]+(a+n)(b+n)$$

$$= \frac{n[6ab+3(a+b)(n-1)+(n-1)(2n-1)]+6(a+n)(b+n)}{1 \times 2 \times 3}$$

$$= \frac{[n6ab+6ab]+[3n(a+b)(n-1)+6(a+b)n]+[n(n-1)(2n-1)+6n^2]}{1 \times 2 \times 3}$$

$$= \frac{(n+1)6ab+(a+b)(3n^2+3n)+n(2n^2+3n+1)}{1 \times 2 \times 3}$$

$$= \frac{(n+1)6ab+(n+1)3(a+b)n+(n+1)n(2n+1)}{1 \times 2 \times 3}$$

$$= \frac{(n+1)}{1 \times 2 \times 3}[6ab+3(a+b)n+n(2n+1)]$$

$$= \frac{n+1}{1 \times 2 \times 3}[6ab+3(a+b)(\overline{n+1}-1)+(\overline{n+1}-1)(2\overline{n+1}-1)]$$

在形式上，这最后的结果，和我们所假定的公式的形式也没有什么分别，可知我们的假定一点儿不差。

四

用数学的归纳法，四个公式都证明了，按理说我们已可心满意足。但是仔细一想，这种证明法固然巧妙，却有一个大大的困难在里面。这困难并不在从 S_n 证 S_{n+1} 这第二、第三两步，而在第一步发现我们所要假定的 S_n 的公式的形式。假如别人不曾将这公式提出来，你要从一项、两项、三项、四项等中，去老老实实地相加而发现一般的形式，这虽然不好说不可能，但真是不容易。因此，我们再说另外一种寻找这几个公式的方法。

我把这一种方法，叫分项加合法，这是一种知道了一个级数的一般项，而求这级数的 n 项的和的一般的方法。

什么叫级数、算术级数和几何级数？一串数，依次两个两个地有相同的、一定的关系存在，这串数就叫级数。比如算术级数每两项的差是相同的、一定的；几何级数每两项的比是相同的、一定的。当然在级数中，这两种算是最简单的，其他的都比较复杂，所以每两项的关系也比较不易被发现。

什么叫级数的一般项？换句话说，就是一个级数的第 n 项。若算术级数的第一项为 a，公差为 d，则一般项为 a+(n-1)d；若几何级数的第一项为 a，公比为 r，则一般项为 ar^{n-1}。回到上面讲的弹积法上去，每种都是一个级数，它们的一般项便是：（1）n^2；（2）$\dfrac{n(n+1)}{2}$ 或 $\dfrac{1}{2}$(n^2+n)；（3）n(p+$\overline{n-1}$) 或 np+n^2-n；（4）(a+$\overline{n-1}$)(b+$\overline{n-1}$) 或 ab+(a+b)(n-1)+(n-1)^2。

四个一般项除了（1）的以外，都可认为是两项以上合成的。在一般项中，设 n 为 1，就得第一项；设 n 为 2，就得第二项；设 n 为 3，就得第三项……设 n 为什么数，就得第什么项。所以对于一个级数来说，倘若能够知道它的一般项，那么我们要什么项都可以算出来。

为了写起来方便，我们来使用一个记号，例如：

$S_n=1+2+3+4+\cdots+n$

我们就写成 $\sum$ n，读作 Sigma n，$\sum$ 是一个希腊字母，相当于英文的 S。S 是英文 Sum（和）的第一个字母，所以用 $\sum$ 表示"和"的意思，而 $\sum$ n 便表示从 1 起，顺着加 2，加 3，加 4……一直加到 n 的和。同样地：

$\sum n(n+1)=1\times2+2\times3+3\times4+4\times5+\cdots+n(n+1)$

$\sum n^2=1^2+2^2+3^2+4^2+\cdots+n^2$

记好这个符号的用法和上面所说过的各种一般项，就可得出下面的四个式子：

（1）$S_n=\sum n^2=1^2+2^2+3^2+\cdots+n^2$

（2）$S_n=\sum \dfrac{n(n+1)}{2}=\sum \dfrac{1}{2}(n^2+n)=\sum \dfrac{1}{2}n^2+\sum \dfrac{1}{2}n$

$\qquad=\dfrac{1}{2}(1^2+2^2+3^2+\cdots n^2)+\dfrac{1}{2}(1+2+3+4+\cdots+n)$

（3）$S_n=\sum n(p+\overline{n-1})=\sum (np+n^2-n)=\sum np+\sum n^2-\sum n$

$\qquad=(p+2p+3p+\cdots+np)+(1^2+2^2+3^2+\cdots+n^2)-(1+2+3+\cdots+n)$

（4）$S_n=\sum (a+\overline{n-1})(b+\overline{n-1})=\sum [ab+(a+b)(n-1)+(n-1)^2]$

$\qquad=nab+(a+b)(1+2+\cdots+\overline{n-1})+(1^2+2^2+3^2+\cdots\overline{n-1}^2)$

这样一来，我们可以看得很明白，只要将（1）求出，以下的三个就容易了。（1）的求法运用数学的归纳法固然可以，即或不然，也还可参照下面的方法计算。

我们知道：

$n^3=n^3$ $\qquad\qquad\qquad (n-1)^3=n^3-3n^2+3n-1$

$\therefore n^3-(n-1)^3=3n^2-3n+1$

同样地：

$(n-1)^3-(n-2)^3=3(n-1)^2-3(n-1)+1$

$(n-2)^3-(n-3)^3=3(n-2)^2-3(n-2)+1$

……

$3^3-2^3=3\times3^2-3\times3+1$

$2^3-1^3=3\times2^2-3\times2+1$

$$1^3-0^3=3\times1^2-3\times1+1$$

若将这 n 个式子左边和左边加拢，右边和右边加拢，便得：

$$n^3=3(1^2+2^2+3^2+\cdots+n^2)-3(1+2+3+\cdots+n)+(1+1+\cdots+1)$$

但是：

$$1^2+2^2+3^2+\cdots+n^2=S_n$$

$$1+2+3+\cdots+n=\frac{n(n+1)}{2}$$

$$1+1+1+\cdots+1=n$$

$$\therefore\ n^3=3S_n-\frac{3n(n+1)}{2}+n$$

$$\therefore\ 3S_n=n^3+\frac{3n(n+1)}{2}-n$$

$$=\frac{2n^3+3n(n+1)-2n}{2}$$

$$=\frac{n(2n^2+3n+3-2)}{2}=\frac{n(2n^2+3n+1)}{2}$$

$$=\frac{n(n+1)(2n+1)}{2}$$

$$\therefore\ S_n=\frac{n(n+1)(2n+1)}{1\times2\times3}$$

这个结果和前面证明过的一样，但是来路却更加分明。利用它，（2）（3）（4）便容易得出来。

（2）$S_n=\sum\frac{1}{2}n^2+\sum\frac{1}{2}n$

$$=\frac{1}{2}(1^2+2^2+3^2+\cdots n^2)+\frac{1}{2}(1+2+3+\cdots+n)$$

$$=\frac{1}{2}\times\frac{n(n+1)(2n+1)}{1\times2\times3}+\frac{1}{2}\times\frac{n(n+1)}{2}$$

$$=\frac{1}{2}\times\frac{n(n+1)(2n+1)+3n(n+1)}{1\times2\times3}=\frac{1}{2}\times\frac{n(n+1)(2n+1+3)}{1\times2\times3}$$

$$=\frac{1}{2}\times\frac{n(n+1)(2n+4)}{1\times2\times3}=\frac{n(n+1)(n+2)}{1\times2\times3}$$

（3）$S_n=\sum np+\sum n^2-\sum n$

$$=(1+2+3+\cdots+n)p+(1^2+2^2+3^2+\cdots n^2)-(1+2+3+\cdots+n)$$

$$=\frac{n(n+1)p}{2}-\frac{n(n+1)}{2}+\frac{n(n+1)(2n+1)}{1\times2\times3}$$

$$=\frac{3n(n+1)(p-1)+n(n+1)(2n+1)}{1\times2\times3}$$

$$=\frac{n(n+1)(3p-3+2n+1)}{1\times2\times3}$$

$$=\frac{n(n+1)(3p+2n-2)}{1\times2\times3}$$

（4）$S_n=nab+(a+b)(1+2+\cdots+\overline{n-1})+(1^2+2^2+3^2+\cdots\overline{n-1}^2)$

$$=nab+\frac{(n-1)n(a+b)}{2}+\frac{(n-1)n(2\overline{n-1}+1)}{1\times2\times3}$$

$$=\frac{1}{1\times2\times3}\left[6nab+3(n-1)n(a+b)+(n-1)n(2n-1)\right]$$

$$=\frac{n}{1\times2\times3}\left[6ab+3(a+b)(n-1)+(n-1)(2\overline{n-1})\right]$$

五

前文所述的这种证明法，自然来得比较有根底，不像用数学的归纳法那样突兀。但还不能完全使我们满意，不是吗？每个式子的分母都是 $1\times2\times3$，就前面的证明看来，明明只应当是 2×3，为什么要写成 $1\times2\times3$ 呢？这一点，若再用另一种方法来寻求这些公式，那就可以恍然大悟了。

这一种方法可以叫作差级数法，所谓拟形级数，不过是差级数法的特别情形。

什么叫差级数？算术级数就是差级数中最简单的一种，例如 1、3、5、7、9……这是一个算术级数，因为：

$$3-1=5-3=7-5=9-7=\cdots\cdots=2$$

但是，王老头子的汤圆的堆法，从顶上一层起，顺次是 1、4、9、

16、25……相邻两项的差是：

4-1=3、9-4=5、16-9=7、25-16=9……

这些差全不相等，所以不能算是算术级数，但是这些差3、5、7、9……的相邻两项的差却都是2。

再如第二种三角锥的堆法，从顶上起，各层的个数依次是1、3、6、10、15……相邻两项的差是：

3-1=2、6-3=3、10-6=4、15-10=5……

这些差也全不相等，所以不是算术级数，不过它和前一种一样，这些差数依次两个的差是相等的，都是1。

我们来另外找个例子，如1^3、2^3、3^3、4^3、5^3、6^3……这些数实际乘出来便是1、8、27、64、125、216……而：

（Ⅰ）8-1=7、27-8=19、64-27=37、125-64=61、216-125=91……

（Ⅱ）19-7=12、37-19=18、61-37=24、91-61=30……

（Ⅲ）18-12=6、24-18=6、30-24=6……

这是到第三次的差才相等的。

再来举一个例子，如2、20、90、272、650、1332……

（Ⅰ）20-2=18、90-20=70、272-90=182、650-272=378、1332-650=682……

（Ⅱ）70-18=52、182-70=112、378-182=196、682-378=304……

（Ⅲ）112-52=60、196-112=84、304-196=108……

（Ⅳ）84-60=24、108-84=24……

这是到第四次的差才相等的。

像这些例子一般的一串数，按照上面的方法一次一次地减下去，终究有一次的差是相等的，这一串数就被称为差级数，第一次的差相等的叫一次差级数，第二次的差相等的叫二次差级数，第三次的差相等的叫三次差级数，第四次的差相等的叫四次差级数……第r次的差相等的叫r次差级数。算术级数就是一次差级数，王老头子的一盘汤圆，各层就成一个二次差级数。

所谓拟形数就是差级数中特殊的一种，它们相等的差才是 1。这是一件很有趣味的东西。法国数学家布莱士·帕斯卡（Blaise Pascal）在他 1665 年发表的《算术的三角论》（Traité du triangle arithmétique）中，就记述了这种级数的作法，他作了如后的一个三角形。

仔细玩赏一下这个三角形，趣味非常丰富。它对于从左上向右下的这条对角线是对称的，所以横着一排一排地看，和竖着一列一列地看，全是一样的。

1	1	1	1	1	1	1	1	1	1……
1	2	3	4	5	6	7	8	9……	
1	3	6	10	15	21	28	36……		
1	4	10	20	35	56	84……			
1	5	15	35	70	126……				
1	6	21	65	126……					
1	7	28	84……						
1	8	36……							
1	9……								
1……									

它的作法是：（Ⅰ）横、竖各写同数的 1。（Ⅱ）将同列的上一数和同排的左一数相加，便得本数。即：

$1+1=2$、$1+2=3$、$1+3=4\cdots2+1=3$、$3+3=6\cdots3+1=4$、$6+4=10\cdots\cdots$

$4+1=5$、$10+5=15\cdots5+1=6$、$15+6=21\cdots6+1=7$、$21+7=28\cdots\cdots$

$7+1=8$、$28+8=36\cdots8+1=9\cdots\cdots$

由这个作法，我们很容易知道它所包含的意味。就竖列来说（自然横排也一样），从左起，第一行是相等的差，第二行是一次差级数，每两项的差都是 1。第三行是二次差级数，因为第一次的差就是第一行的各数。第四行是三次差级数，因为第一次的差就是第三行的各数，而第二次的差就是第二行的各数。同样，第五行是四次差级数，第六行是五次差级数……

关于这种东西的性质，布莱士·帕斯卡有过不少的研究，他曾用这个算术三角形讨论组合，又用它发现了许多关于概率的有趣味的东西。

王老头子的一盘汤圆，各层正好成一个二次差级数。倘若我们能够知道计算一般差级数的和的公式，岂不是占了大便宜了吗？

对，我们就来讲这个。让我们偷学布莱士·帕斯卡，来作一个一般差级数的三角形。

差，在英文中是 difference，和用 S 代表 Sum 一般，我们就用 d 代表 difference。然而我们还可以更别致一些，用个相当于 d 的希腊字母 Δ 来代替。设差级数的一串数为 u_1、u_2、u_3……第一次的差为 Δu_1、Δu_2、Δu_3……第二次的差为 $\Delta_2 u_1$、$\Delta_2 u_2$、$\Delta_2 u_3$……第三次的差为 $\Delta_3 u_1$、$\Delta_3 u_2$、$\Delta_3 u_3$……这样一来，就得到了下面的三角形。

$$u_1 \qquad u_2 \qquad u_3 \qquad u_4 \qquad u_5 \qquad u_6\cdots\cdots$$
$$\Delta u_1 \qquad \Delta u_2 \qquad \Delta u_3 \qquad \Delta u_4 \qquad \Delta u_5\cdots\cdots$$
$$\Delta_2 u_1 \qquad \Delta_2 u_2 \qquad \Delta_2 u_3 \qquad \Delta_2 u_4\cdots\cdots$$
$$\Delta_3 u_1 \qquad \Delta_3 u_2 \qquad \Delta_3 u_3\cdots\cdots$$
$$\cdots\cdots$$

这个三角形的构成，实际上非常简单，下一排的数，总是它上一排的左右两个数的差，即：

$$\Delta u_1 = u_2 - u_1 \qquad \Delta u_2 = u_3 - u_2 \qquad \Delta u_3 = u_4 - u_3\cdots\cdots$$

$$\Delta_2 u_1 = \Delta u_2 - \Delta u_1 \qquad \Delta_2 u_2 = \Delta u_3 - \Delta u_2 \qquad \Delta_2 u_3 = \Delta u_4 - \Delta u_3\cdots\cdots$$

$$\Delta_3 u_1 = \Delta_2 u_2 - \Delta_2 u_1 \qquad \Delta_3 u_2 = \Delta_2 u_3 - \Delta_2 u_2 \qquad \Delta_3 u_3 = \Delta_2 u_4 - \Delta_2 u_3\cdots\cdots$$

加法可以说是减法的还原，因此由上面的关系，便可得出：

$$u_2 = u_1 + \Delta u_1 \quad （1） \qquad \Delta u_2 = \Delta u_1 + \Delta_2 u_1, \ u_3 = u_2 + \Delta u_2$$

$$\therefore u_3 = (u_1 + \Delta u_1) + (\Delta u_1 + \Delta_2 u_1) = u_1 + 2\Delta u_1 + \Delta_2 u_1 \quad （2）$$

照样地，第二排当作第一排，第三排当作第二排，便可得：

$$\Delta u_3 = \Delta u_1 + 2 \Delta_2 u_1 + \Delta_3 u_1$$

$$u_4 = u_3 + \Delta u_3 = (u_1 + 2 \Delta u_1 + \Delta_2 u_1) + (\Delta u_1 + 2 \Delta_2 u_1 + \Delta_3 u_1)$$

$$= u_1 + 3 \Delta u_1 + 3 \Delta_2 u_1 + \Delta_3 u_1 \qquad （3）$$

把（1）、（2）、（3）三个式子一比较，左边各项的数系数是1、1、1、2、1，1、3、3、1，这恰好相当于二项式$(a+b)=a+b$、$(a+b)^2=a^2+2ab+b^2$、$(a+b)^3 = a^3+3a^2b+3ab^2+b^3$，各展开式中各项的系数。依据这个事实，按照数学的归纳法的步骤，我们无妨走进第二步，假定推到一般情形去，而得出：

$$u_{n+1} = u_1 + n \Delta u_1 + \frac{n(n-1)}{1 \times 2} \Delta_2 u_1 + \cdots$$

$$+ \frac{n(n-1)\cdots(n-r+1)}{1 \times 2 \times 3 \times \cdots \times r} \Delta_r u_1 + \cdots + \Delta_n u_1$$

照前面的样子，把第 n+1 排当作第一排，第 n+2 排当作第二排，便可得出：

$$\Delta u_{n+1} = \Delta u_1 + n \Delta_2 u_1 + \frac{n(n-1)}{1 \times 2} \Delta_3 u_1 + \cdots$$

$$+ \frac{n(n-1)\cdots(n-r+2)}{1 \times 2 \times 3 \times \cdots \times (r-1)} \Delta_r u_1 + \cdots + \Delta_{n+1} u_1$$

将这两个式子相加，很巧就得出：

$$u_{n+2} = u_{n+1} + \Delta u_{n+1}$$

$$= u_1 + (n+1) \Delta u_1 + \left[\frac{n(n-1)}{1 \times 2} + n \right] \Delta_2 u_1 + \cdots$$

$$+ \left[\frac{n(n-1)\cdots(n-r+1)}{1 \times 2 \times 3 \times \cdots \times r} + \frac{n(n-1)\cdots(n-r+2)}{1 \times 2 \times 3 \times \cdots \times (r-1)} \right] \Delta_r u_1 + \cdots + \Delta_{n+1} u_1$$

但 $\dfrac{n(n-1)}{1 \times 2} + n = \dfrac{n(n-1)+2n}{1 \times 2} = \dfrac{n^2+n}{1 \times 2} = \dfrac{(n+1)n}{1 \times 2} = \dfrac{(n+1)(\overline{n+1}-1)}{1 \times 2}$

……

$$\frac{n(n-1)\cdots(n-r+1)}{1 \times 2 \times 3 \times \cdots \times r} + \frac{n(n-1)\cdots(n-r+2)}{1 \times 2 \times 3 \times \cdots \times (r-1)}$$

$$= \frac{n(n-1)\cdots(n-r+2)(n-r+1+r)}{1\times2\times3\times\cdots\times r}$$

$$= \frac{(n+1)n(n-1)\cdots(n-r+2)}{1\times2\times3\times\cdots\times r}$$

$$= \frac{(n+1)(\overline{n+1}-1)(\overline{n+1}-2)\cdots(\overline{n+1}+r+1)}{1\times2\times3\times\cdots\times r}$$

$$\therefore u_{n+2}=u_1+(n+1)\Delta u_1+\frac{(n+1)(\overline{n+1}-1)}{1\times2}\Delta_2 u_1+\cdots$$

$$+\frac{(n+1)(\overline{n+1}-1)(\overline{n+1}-2)\cdots(\overline{n+1}+r+1)}{1\times2\times3\times\cdots\times r}\Delta_r u_1+\cdots+\Delta_{n+1}u_1$$

这不是已将数学中归纳法的三步走完了吗？可见我们假定对于 n 的公式若是对的，那么，它对于 n+1 也是对的，而事实上它对于 1、2、3、4 等都是对的，可见它对于 6、7、8……也是对的，所以推到一般都是对的。倘若你还记得我们讲组合——见《棕榄谜》——时所用的符号，那么就可将这公式写得更简明一点：

$$u_n=u_1+C_1^{\,n}\Delta u_2+C_2^{\,n}\Delta_2 u_1+C_3^{\,n}\Delta_3 u_1+\cdots+\Delta_{n+1}u_1$$

这个式子所表示的是什么，你可知道？它就是用差级数的第一项和各次差的第一项，表示出这差级数的一般项。假如王老头子的一盘汤圆一共堆了十层，因为这差级数的第一项 u_1 是 1，第一次差的第一项 Δu_1 是 3，第二次差的第一项 $\Delta_2 u_1$ 是 2，第三次以后的 $\Delta_3 u_1$、$\Delta_4 u_1$ 都是 0，所以第十层的汤圆的个数便是：

$$u_{10}=1+(10-1)\times3+\frac{(10-1)(10-2)}{1\times2}\times2=1+27+72=100$$

毋庸置疑，王老头子的那盘汤圆的第十层，正是每边十个的正方形，一共恰好一百个。

我们在前面差级数三角形的顶上加一串数 v_1、v_2、$v_3\cdots v_n$、v_{n+1}，不过并不是胡乱写些数，要它们每两项的差，就是 u_1、u_2、$u_3\cdots u_n$。这样一来，它们便是 n+1 次差级数，而第一次的差为：

$$v_2-v_1=u_1、\quad v_3-v_2=u_2、\quad v_4-v_3=u_3\cdots v_n-v_{n-1}=u_{n-1}、\quad v_{n+1}-v_n=u_n$$

若是我们将 v_{n+1} 点缀得富丽堂皇些，无妨将它写成下面的样子：

$$v_{n+1} = v_{n+1} - v_n + v_n - v_{n-1} + \cdots + v_2 - v_1 + v_1$$
$$= (v_{n+1} - v_n) + (v_n - v_{n-1}) + \cdots + (v_2 - v_1) + v_1$$

假使造这串数的时候，取巧一点，v_1 就用 0，那么，便得：

$$v_{n+1} = (v_{n+1} - v_n) + (v_n - v_{n-1}) + \cdots + (v_2 - v_1)$$
$$= u_n + u_{n-1} + \cdots + u_1$$

所以若用求一般项的公式来求 v_{n+1}，得出来的便是 $u_1 + u_2 + u_3 + \cdots + u_n$ 的和。但就公式来说，这个差级数中，$u_1 = 0$、$\Delta u_1 = u_1$、$\Delta_2 u_1 = \Delta u_1 \cdots$ $\Delta_{n+1} u_1 = \Delta_n u_1$

$$\therefore v_{n+1} = 0 + C_1^{n+1} u_1 + C_2^{n+1} \Delta u_1 + \cdots + \Delta_n u_1$$

由此我们就知道：

$$S_n = u_1 + u_2 + \cdots + u_n = C_1^{n+1} u_1 + C_2^{n+1} \Delta u_1 + \cdots + \Delta_n u_1$$

假如依照算术级数的样子，将 a 代第一项，d 代差，并且不用组合所用的符号 C_r^n，那么 n 次差级数 n 项的和便是：

$$S_n = na + \frac{n(n-1)}{1 \times 2} d_1 + \frac{n(n-1)(n-2)}{1 \times 2 \times 3} d_2$$
$$+ \frac{n(n-1)(n-2)(n-3)}{1 \times 2 \times 3 \times 4} d_3 + \cdots\cdots$$

有了这个公式，我们就回头去计算王老头子的那一盘汤圆，它是一个二次差级数，对于这个公式来说：$a = 1$，$d_1 = 3$，$d_2 = 2$，$d_3 = d_4 = \cdots\cdots = 0$。

$$\therefore S_n = n \times 1 + \frac{n(n-1)}{1 \times 2} \times 3 + \frac{n(n-1)(n-2)}{1 \times 2 \times 3} \times 2$$
$$= n + \frac{3n(n-1)}{1 \times 2} + \frac{2n(n-1)(n-2)}{1 \times 2 \times 3}$$
$$= n \times \left[1 + \frac{3(n-1)}{1 \times 2} + \frac{2(n-1)(n-2)}{1 \times 2 \times 3} \right]$$
$$= n \times \frac{6 + 9(n-1) + 2(n-1)(n-2)}{1 \times 2 \times 3}$$
$$= n \times \frac{2n^2 + 3n + 1}{1 \times 2 \times 3} = \frac{n(n+1)(2n+1)}{1 \times 2 \times 3}$$

第二种三角锥的堆法，前面也已说过，仍是一个二次差级数，对于这个公式，$a = 1$，$d_1 = 2$，$d_2 = 1$，$d_3 = d_4 = \cdots\cdots = 0$

$$\therefore S_n = n \times 1 + \frac{n(n-1)}{1 \times 2} \times 2 + \frac{n(n-1)(n-2)}{1 \times 2 \times 3} \times 1$$

$$= n + \frac{2n(n-1)}{1 \times 2} + \frac{n(n-1)(n-2)}{1 \times 2 \times 3}$$

$$= n \times \left[1 + \frac{2(n-1)}{1 \times 2} + \frac{(n-1)(n-2)}{1 \times 2 \times 3} \right]$$

$$= n \times \frac{6 + 6(n-1) + (n-1)(n-2)}{1 \times 2 \times 3}$$

$$= n \times \frac{n^2 + 3n + 2}{1 \times 2 \times 3} = \frac{n(n+1)(n+2)}{1 \times 2 \times 3}$$

至于第三种堆法，它各层的个数及各次的差是：

p、2(p+1)、3(p+2)、4(p+3)……

p+2、p+4、p+6……

2、　2……

也是一个二次差级数，$u_1 = p$，$d_1 = p+2$，$d_2 = 2$，$d_3 = d_4 = \cdots\cdots = 0$

$$\therefore S_n = np + \frac{n(n-1)}{1 \times 2} \times (p+2) + \frac{n(n-1)(n-2)}{1 \times 2 \times 3} \times 2$$

$$= n \times \left[p + \frac{(n-1)(p+2)}{1 \times 2} + \frac{2(n-1)(n-2)}{1 \times 2 \times 3} \right]$$

$$= n \times \frac{6p + 3(n-1)(p+2) + 2(n-1)(n-2)}{1 \times 2 \times 3}$$

$$= n \times \frac{2n^2 - 2 + 3np + 3p}{1 \times 2 \times 3} = n \times \frac{(n+1)(2n-2) + (n+1)3p}{1 \times 2 \times 3}$$

$$= \frac{n(n+1)(3p + 2n - 2)}{1 \times 2 \times 3}$$

最后，再把这个公式运用到第四种堆法。它每层的个数以及各次的差是这样的：

ab、(a+1)(b+1)、(a+2)(b+2)、(a+3)(b+3)……

(a+b)+1、(a+b)+3、(a+b)+5……

2、2……

所以也是一个二次差级数，就公式来说，$u_1 = ab$，$\Delta u_1 = (a+b)+1$，

$\Delta u_2 = 2$，$\Delta u_3 = \Delta u_4 = \cdots\cdots = 0$

$$\therefore S_n = nab + \frac{n(n-1)}{1 \times 2}[(a+b)+1] + \frac{n(n-1)(n-2)}{1 \times 2 \times 3} \times 2$$

$$= n \times \left\{ ab + \frac{(n+1)[(a+b)+1]}{1 \times 2} + \frac{2(n-1)(n-2)}{1 \times 2 \times 3} \right\}$$

$$= n \times \frac{6ab + 3(n-1)(a+b) + 3(n-1) + 2(n-1)(n-2)}{1 \times 2 \times 3}$$

$$= \frac{n}{1 \times 2 \times 3} \times [6ab + 3(a+b)(n-1) + 2n^2 - 3n + 1]$$

$$= \frac{n}{1 \times 2 \times 3} \times [6ab + 3(a+b)(n-1) + (n-1)(2n-1)]$$

用差级数的一般求和公式，将我们开头提出的四个公式都证明了。这种证明真可以当得起无疵可指，就连最后分母中那事实上无关痛痒的 $1 \times 2 \times 3$ 中的1，也给了它一个存在的理由。这种证明方法，不但有这一点点好处，由上面的过程看来，我们所提出的四个公式，全都是差级数求和的公式的运用。因此，只要我们已彻底地了解了它，这四个公式就不值一顾了。

六

上文曾经提到我们的老老前辈朱世杰先生，这里就以他老人家的功绩来作结束。上面我们只提到四种堆法，已借用了许多法宝，才达到心安理得的地步。然而在我们朱老先生的大著《四元玉鉴》中，"茭草形段"只有七题，"如像招数"只有五题，"果垛叠藏"虽然多一些，也只有二十题，一共不过三十二题。他所提出的堆垛法中有些名词很别致，现在列举在下面，至于各种求和的公式，那自不必说，当然可依样画葫芦地证明了。

（1）落一形，就是三角锥形。

（2）刍甍垛，就是前面第三种堆法。

（3）刍童垛，就是矩形截锥台。

（4）撒星形——三角落一形，就是 1、$(1+3)$、$(1+3+6)\cdots\left[1+3+6+\cdots+\dfrac{n(n+1)}{2}\right]$

$$S_n=\dfrac{1}{24}n(n+1)(n+2)(n+3)$$

（5）四角落一形，就是 1^2、(1^2+2^2)、$(1^2+2^2+3^2)\cdots(1^2+2^2+\cdots+n^2)$

$$S_n=\dfrac{1}{12}n(n+1)^2(n+2)$$

（6）岚峰形，就是 1、$(1+5)$、$(1+5+12)\cdots\left[1+5+12+\cdots+\dfrac{n(3n-1)}{2}\right]$

$$S_n=\dfrac{1}{24}n(n+1)(n+2)(3n+1)$$

（7）三角岚峰形——岚峰更落一形，就是 1×1、$2(1+3)$、$3(1+3+6)\cdots n\left[1+3+6+\cdots+\dfrac{n(n+1)}{2}\right]$

$$S_n=\dfrac{1}{120}n(n+1)(n+2)(n+3)(4n+1)$$

（8）四角岚峰形，就是 1×1^2、$2(1^2+2^2)$、$3(1^2+2^2+3^2)\cdots n(1^2+2^2+\cdots+n^2)$

$$S_n=\dfrac{1}{120}n(n+1)(n+2)(8n^2+11n+1)$$

（9）撒星更落一形，就是 1、$(1+4)$、$(1+4+10)\cdots\left[1+4+10+\cdots+\dfrac{n(n+1)(n+2)}{6}\right]$

$$S_n=\dfrac{1}{120}n(n+1)(n+2)(n+3)(n+4)$$

（10）三角撒星更落一形，就是 1、$(1+5)$、$(1+5+15)\cdots\left[1+5+15\cdots+\dfrac{n(n+1)(n+2)(n+4)}{24}\right]$

$$S_n=\dfrac{1}{720}n(n+1)(n+2)(n+3)(n+4)(n+5)$$

十一 假使我们有十二个手指

一

记得早年，上海风行过一种画报，这画报上每期刊载一页《马浪荡改行》。马浪荡是一个浪荡子，在上海滩无论什么行业他都做过，一种行业失败了，就换另一种。有一次他去当拍卖行的伙计，高高地坐在台上，一个买客，是每只手有六根指头的，伸着两手表示他对于某件东西出十块钱。马浪荡见着十二个指头，便以为他说的是十二块，高高兴兴地卖了，记下账来。到收钱的时候，那人只出十块，马浪荡的老板照账硬要十二块，争执得无可了结，最后便叫马浪荡赔两块了事。于是，马浪荡又一次失败了。

我常常会想起这个故事，因为我常常见到大家伸出手指头表示他们所说的数，一个指头表示一，两个指头表示二，三个指头表示三……这非常自然。两只手没有一秒钟不跟随着人，手指头又是伸屈极灵便的机械，若不利用它们表示数，岂不辜负了它们！

马浪荡的买客伸出手来，既有十二个指头，马浪荡认为他所表示的是十二，这是极合理的。伸出两只手表示十，本来是因为只有十个指头的缘故。假如我们每个人都有十二个手指头，当然不肯特别优待哪两个，伸出两只手还只表示到十就心满意足。

　　两只手有十个指头，便用它们来表示十，我们都只知道"一而十，十而百，百而千，千而万……"满了十就进一位，我们觉得只有这"十进法"最便利。其实这完全是喜欢利用十个手指头反而受了它们的束缚的缘故。

　　假如我们有十二个手指表示数，我们不是可以用十二进位记数法吗？

　　我们且先来探索一下记数法的情形，然后再看假如我们有十二个手指头，用了十二进位法，我们的数的世界和数学的世界将有怎样的不同。我一再说假如我们有十二个手指头，用十二进位法，之所以要如此，是因为没有十二个手指头，我们就不会使用十二进位法的。人只是客观世界的反射镜，不能离开客观世界产生什么文明。

　　在混沌未开，黑漆一团的时代，无所谓数，因为"一"虽是数的老祖宗，但倘若它无嗣而终，数的世界是无法成立的。数的世界的展开至少要有"二"。假如我们的手和马蹄是一样的，伸出来只能表示"二"，我们当然只能利用二进法记数。但二进法记数实在有点滑稽。第一，我们既然只能知道"二"，记起数来就不能有三位；第二，在个位满二就得记成上一位的一。这么一来，我们除了写一个"1"来记"一"，写一个"1"后面跟上一个零来记"二"，并排写两个"1"来记"三"，再没有什么能力了，数的世界不是仍然很简单吗？

　　若是我们还知道"三"，自然可以用三进法而且用三位记数，那我们可记的数便有二十六个：

1　　… 一
2　　… 二
10　　… 三
11　　… 四
12　　… 五
20　　… 六
21　　… 七
22　　… 八
100 … 九
101 … 十

102 … 十一

110 … 十二

111 … 十三

112 … 十四

120 … 十五

121 … 十六

122 … 十七

200 … 十八

201 … 十九

202 … 二十

210 … 二十一

211 … 二十二

212 … 二十三

220 … 二十四

221 … 二十五

222 … 二十六

由三而四，用四进法，四位数，我们可记的数，便有二百五十五个，数的世界便比较繁荣了。但事实上，我们并不曾找到过用二进法、三进法或四进法记数的事例。这个理由自然容易说明，数是抽象的，实际运用的时候，需要具体的东西来表达，然而无论"近取诸身，远取诸物"，不多不少恰好可以表示，而且易于取用的东西实在没有。我们对于数的辨认从附属在自家身上的东西开始，当然更是轻而易举。于是我们首先就会注意到手。一只手有五个指头，五进法便应运而生了。

既然知道用一只手的五个指头来表示数，因而产生五进记数法，进一步产生十进记数法，这对于我们的老祖宗们来说，大概不会很困难。

既然可以用十个手指头表示数，因而产生十进法，两只脚也有十个指头，为什么不会一股脑儿用进去而产生二十进法呢？

二十进法是有的，现在在热带生活的人们，就有这种办法。这种办法只存在于热带，很显然是因为那里的人赤着脚的缘故。像我们终年穿着袜子的人，使用脚指头自然不方便了，这就是十进记数法能够征服我们的缘故。

二十进法，不但在现在的热带地方可以找到，从各国的数字中也可以得到很好的例子。如法国人，二十叫 vingt；八十叫 quatre.vingts，便是四个二十；而九十叫 quatae-vingt-dix，便是四个二十加一十，这都是现在通用的。至于古代，还有 six-vingts，六个二十叫一百二十；quinze-vingts，十五个二十叫三百。这些都是二十进法的遗迹。又如意大利的数字，二十叫 venti，这和三十 trenta、四十 qnaranta、五十 cinquanta 也有着显然的区别：第一，三十、四十、五十等都是从三 tre、四 quattre、五 cinque 等来的，而二十却与二 due 没有关系；第二，三十、四十、五十等的收声都是 ta，而二十的收声却是 ti。由这些比较也可以看出在意大利也有二十进法的痕迹。

五进法、十进法、二十进法都可用指头来说明它们的起源，但我们现在还使用着的数中，却有一种十二进法，不能同等看待。铅笔一打是十二支，肥皂一打是十二块，重量的一磅有十二两，货币的一先令有十二便士，乃至于一年有十二个月，一日是十二时（各国虽用二十四小时，但钟表上还只用十二），这些都是实际上用到的。再将各国的数字构造比较一下，更能够显然地看出十二进法的痕迹，且先将英、法、德、意四种语言一到十九这十九个数字抄在下面：

英：one two three four five six seven eight nine ten eleven twelve thirteen fourteen fifteen sixteen seventeen eighteen nineteen

法：un deux trois guatre cinqne six sept huit neuf dix onze douze treize quatorze quinze seize dix-sept dix-huit dix-neuf

德：eins zwei drei vier fünf sechs sieben acht neun zehn elf zwölf dreizehn vierzehn fünfzehn sechzehn siebzehn achtzehn neunzehn

意：uno due tre quattro cinque sei sette otto nove dieci imdici dodici tredici guattordici quindici sedici diciassette diciotto diciannove

将这四种数字比较一下，可以看出几个事实：

（1）在英文中，从一到十二这十二个数字是独立的，十三以后才有一个划一的构成法，但这构成法和二十以后的数的不同。

（2）在法文中，从一到十这十个数字是独立的，十一到十六是一种构成法，十七以后又是一种构成法，这构成法却和二十以后的数的相同。

（3）德文和英文一样。

（4）意文和法文一样。

就语言的系统来说，法、意同属于意大利系，而英、德同属于日耳曼系，渊源本不相同。语言原可说是生活的产物，由此我们可以看出欧洲人古代所用的记数法有不小的差别。十进法、十二进法、二十进法，也许还有十六进法——中国不是曾经也以十六两为一斤吗？倘使我们能再将其他各国的数字拿来比较，我想一定还可以发现这几种进位法的痕迹。

所以，倘若我们有十二个手指头的话，采用十二进法一定是必然的。就已形成的习惯看来，十进法已统一了多数人的世界，而十二进法还可以偏安一隅，那么十二进法一定有它非存在不可的原因。这原因是什么？依我的假想是从天文上来的，而和圆周的分割有关系。法国大革命后改用米突制，所有度量衡法，乃至于圆弧都改用十进法。但度量衡法，虽经各国采用，认为极合胃口，而圆弧法还是敌不过含有十二进位的六十分法。这就可以看出十二进法有存在的必要。天文在人类文化中出现得很早，这是因为在自然界中昼夜、寒暑的变化，最使人类惊异，又和人类的生活关系最为密切。所以倘使我们有十二个手指头，采用十二进法记数，那一定没有十进法记数立足的余地，我们的数的世界才能真正统一。

二

倘若我们用了十二进法记数，数的世界将变成怎样的一个局面呢？

先来考察一下我们已用惯了的十进记数法是怎样的一回事，为了方便，我们分成整数和小数两项来说。

例如十进法的 3564，它的构成是这样的：

3564=3000+500+60+4

$\qquad$ =3×1000+5×100+6×10+4

$\qquad$ =3×10^3+5×10^2+6×10+4

用 a_1、a_2、a_3、a_4……来表示基本数字，进位的标准数（这里就是十），我们叫它是底数，用 r 表示。由这个例子看起来，一般的数的记法便是：

一位：a_1、a_2、a_3……

二位：a_1r+a_1、a_1r+a_2…a_2r+a_1、a_3r+a_2……

三位：$a_1r^2+a_1r+a_1$、$a_2r^2+a_2r+a_1$、$a_3r^2+a_2r+a_3$……

四位：$a_1r^3+a_1r^2+a_1r+a_1$ $\qquad$ $a_2r^3+a_1r^2+a_1r+a_2$……

$\qquad$ $a_1r^3+a_2r^2+a_3r+a_1$ $\qquad$ $a_1r^3+a_2r^2+a_3r+a_2$……

在这里有一点虽是容易明白的，但却必须注意，这就是数字 a_1、a_2、a_3……的个数，连 0 算进去应当和 r 相等，所以有效数字的个数要比 r 少一。在十进法中便只有 1、2、3、4、5、6、7、8、9 九个；在十二进法中便有 1、2、3、4、5、6、7、8、9，t（10）、e（11）十一个。

为了和十进法的十、百、千易于区别，便用什、佰、仟来表示十二进法的位次，那么，在十二进法中：

7e8t=7×12^3+e×12^2+8×12+t

我们读起来便是七仟"依"（e）佰八什"梯"（t）。

再来看小数。在十进法中，如 $\dfrac{254}{1000}$，便是：

0.254=0.2+0.05+0.004

$\qquad$ =$\dfrac{2}{10}$+$\dfrac{5}{100}$+$\dfrac{4}{1000}$

$\qquad$ =2×$\dfrac{1}{10}$+5×$\dfrac{1}{10^2}$+4×$\dfrac{1}{10^3}$

同样的道理，在十二进法中，那就是：

0.5te=0.5+0.0t+0.00e

$\qquad$ =5×$\dfrac{1}{12}$+t×$\dfrac{1}{12^2}$+e×$\dfrac{1}{12^3}$

我们读起来便是仟分之五佰"梯"什"依"。

总而言之，在十进法中，上位是下位的十倍，在十二进法中，上位就是下位的十二倍，推到一般去，在 r 进法中，上位便是下位的 r 倍。

假如我们用十二进法来代替十进法，数上有什么不同呢？其实相差不大，第一，不过多两个数字 e 和 t；第二，有些数记起来更简单一些。

有没有什么方法将十进法的数改成十二进法的呢？不用说，自然是有的。不但有，而且很简便。

例如十进法的 14529 要改成十二进法的，只需这样做就成了。

$$12 \underline{\underline{|14529}}$$
$$12 \underline{\underline{|1210}}\cdots\cdots 9$$
$$12 \underline{\underline{|100}}\cdots\cdots 10$$
$$8\cdots\cdots 4$$

$$\therefore 14529 = 1210 \times 12 + 9$$
$$= (100 \times 12 + 10) \times 12 + 9$$
$$= 100 \times 12^2 + 10 \times 12 + 9$$
$$= (8 \times 12 + 4) \times 12^2 + 10 \times 12 + 9$$
$$= 8 \times 12^3 + 4 \times 12^2 + 10 \times 12 + 9$$

依照前面说过的用 t 表示 10，那么便得：

十进法的 14529＝十二进法的 84t9

读起来，就是八仟四佰梯什九，原来是五位，这里却只有四位，所以说有些数用十二进法记数比用十进法更简单。

反过来要将十二进法的数改成十进法的，要怎样做呢？这里有两种办法。一是照上面那样用 t 去连除，二是用十二去连乘。不过对于习惯了十进法的人来说，第一种方法就不太方便。例如要将十二进法的 7215 改成十进法的，那就是这样：

$$7215 = 7 \times 12^3 + 2 \times 12^2 + 1 \times 12 + 5$$
$$= (7 \times 12^2 + 2 \times 12 + 1) \times 12 + 5$$
$$= [(7 \times 12 + 2) \times 12 + 1] \times 12 + 5$$
$$= [(84 + 2) \times 12 + 1] \times 12 + 5$$
$$= (86 \times 12 + 1) \times 12 + 5$$
$$= 1033 \times 12 + 5 = 12401$$

$$\begin{array}{r} 7215 \\ \times \quad 12 \\ \hline 84 \\ + \quad 2 \\ \hline \end{array}$$

$$86$$
$$\times \quad 12$$
$$\overline{\quad 1032\quad}$$
$$+ \quad 1$$
$$\overline{\quad 1033\quad}$$
$$\times \quad 12$$
$$\overline{\quad 12396\quad}$$
$$+ \quad 5$$
$$\overline{\quad 12401\quad}$$

上面的方法，虽只是一个例子，其实计算的原理已经很明白了，若要给它一个一般的证明，这也很容易。

设在 r_1 进位法中有一个数是 N，要将它改成 r_2 进位法的，又设用 r_2 进位法记出来，各位的数字是 a_0、a_1、$a_2 \cdots a_{n-1}$、a_n，则：

$$N = a_n r_2^n + a_{n-1} r_2^{n-1} + \cdots + a_2 r_2^2 + a_1 r_2 + a_0$$

这个式子的两边都用 r_2 去除，所剩的数当然是相等的。但在右边除了最后一项，各项都有 r_2 这个因数，所以用 r_2 去除所得的剩余便是 a_0，而商是 $a_n r_2^{n-1} + a_{n-1} r_2^{n-2} + \cdots + a_2 r_2 + a_1$。再用 r_2 去除这个商，所剩的便是 a_1，而商是 $a_n r_2^{n-2} + a_{n-1} r_2^{n-3} + \cdots + a_2$。又用 r_2 去除这个商，所剩的便是 a_2，而商是 $a_n r_2^{n-3} + a_{n-1} r_2^{n-3} + \cdots + a_3$。照样做下去到剩 a_n 为止，于是就得：

r_1 进位法的 $N = r_2$ 进位法的 $a_n a_{n-1} \cdots a_3 a_2 a_1 a_0$

三

倘若我们一直是用十二进位法记数的，在数学的世界里将有什么变化呢?

不客气地说，毫无两样，因为数学虽是从数出发，但和记数的方法却很少有关联。算理是没有两样的，只是在数的实际计算上有点出入。

最显而易见的就是加法和乘法的进位以及减法和除法的退位。自然像加法和乘法的九九表便应当叫"依依"表，也就有点不同了。例如：

$(24e2-t78)\times143$

$$
(1)\quad
\begin{array}{r}
24e2 \\
-\ t78 \\
\hline
1636
\end{array}
\qquad
(2)\quad
\begin{array}{r}
1636 \\
\times\ 143 \\
\hline
46t6 \\
6120 \\
+\ 1636 \\
\hline
2092t6
\end{array}
$$

上面的算法（1）是减。个位 2 减去 8，不够，从什位退 1 下来，因为上位的 1 是等于下位的 12，所以一共是 14，减去 8，就剩 6。什位的 e（11）退去 1 剩 t（10），减去 7 剩 3，佰位的 4 减去 t，不够，从仟位退 1 成 16，减去 t（10）便剩 6。

（2）先是分位乘，3 乘 6 得 18，等于 12 加 6，所以进 1 剩 6。其次 3 乘 3 得 9，加上进位的 1，得 t……再用 4 乘 6 得 24，恰是 2 个 12，所以进 2 剩 0。其次 4 乘 3 得 12，恰好进 1，而本位只剩下进位来的 2……三位都乘了以后再来加。末两位和平常的加法完全一样，第三位 6 加 2 加 6 得 14，等于 12 加 2，所以进 1 剩 2。

再来看除法，就用前面将十二进法改成十进法的例子。

$$
\begin{array}{r}
874 \\
t\overline{)7215} \\
68 \\
\hline
61 \\
5t \\
\hline
35 \\
34 \\
\hline
1
\end{array}
\qquad
\begin{array}{r}
t4 \\
t\overline{)874} \\
84 \\
\hline
34 \\
34 \\
\hline
0
\end{array}
\qquad
\begin{array}{r}
10 \\
t\overline{)t4} \\
t \\
\hline
4
\end{array}
\qquad
\begin{array}{r}
1 \\
t\overline{)10} \\
t \\
\hline
2
\end{array}
$$

这计算的结果和上面的一样，也是 12401。至于计算的方法：在第一式中，t（10）除 72 商 8，8 乘 t 得 80，等于 6 个 12 加 8，所以从 72 中减去 68 而剩 6。其次 t 除 61 商 7，7 乘 t 得 70 等于，5 个 12 加 10，所以从 61 中减去 5t 而剩 3。再次 t 除 35 商 4，4 乘 t 得 40，等于 3 个 12 加 4，所以从 35 中减去 34 而剩 1。第二、第三、第四式和第一式的算法完全相同，不过第四式的被除数 10 是一什，在十进法中应当是 12，这一点应当注意。

照这个除法的例子来看，十二进法似乎比十进法麻烦得多。但是，朋友！那是你已经习惯了十进法，与十二进法还是初次相逢的缘故。其实你若从小就只懂得十二进法，你所记的自然是"依依"乘法表，而不是九九乘法表。你算起来"梯"除七什二，自然会商八，八乘"梯"自然只得六什八。你不相信吗？就请你看十二进法的"依依"乘法表。

	1	2	3	4	5	6	7	8	9	t	e
1	1	2	3	4	5	6	7	8	9	t	e
2	2	4	6	8	t	10	12	14	16	18	1t
3	3	6	9	10	13	16	19	20	23	26	29
4	4	8	10	14	18	20	24	28	30	34	38
5	5	7	13	18	21	26	2e	34	39	42	47
6	6	10	16	20	26	30	36	40	46	50	56
7	7	12	19	24	2e	36	41	48	53	5t	65
8	8	14	20	28	34	40	48	54	60	68	74
9	9	16	23	30	39	46	53	60	69	76	83
t	t	18	26	34	42	50	5t	68	76	84	92
e	e	1t	29	38	47	56	65	74	83	92	t1

看这个表的时候，应当注意：1、2、3……9 和九九乘法表是一样的，10、20、30……却是一什（12）、二什（24）、三什（36）。

倘若和九九乘法表对照着看，你可以发现表中的许多关系全是一样的。举两个例子说：第一，从左上到右下这条对角线上的数是平方数；第二，最后一排第一位次第少 1。在九九乘法表中是 9、8、7、6、5、4、3、2、1，第二位次第多 1，在九九乘法表是 0、1、2、3、4、5、6、7、8。还有每个数两位的和全是比进位的底数少 1，在"依依"表是"依"，在九九表是九。

在数学的世界中，除了这些不同，还有什么差异吗？

要搜寻起来自然是有的。

第一，四则运算中的数字计算问题。

第二，整数的性质中的倍数的性质。

这两种的基础原是建立在记数的进位法上面，当然面目有些不同，但也不过面目不同而已。且举几个例子在下面，来结束这一篇章。

（1）四则运算中的数字计算问题，例如："有二位数，个位数字同十位数字的和是六，若从这数中减十八，所得的数恰是把原数的个位数字同十位数字对调成的，求原数。"

解答这一种题目的基本原理有两个：

①两位数和它的两数字对调后所成的数的和，等于它的两数字和的11倍。如83加38得121，便是它的两数字8同3的和11的11倍。

②两位数和它的两数字对调后所成的数的差，等于它的两数字差的9倍。如83减去38得45，便是它的两数字8同3的差5的9倍。

将这第二个原理运用到上面所举的例题中，因为从原数中减去18所得的数恰是把原数的个位数字同十位数字对调成的，可知原数和两数字对调后所成的数的差为18，而原数的两数字的差为18÷9=2。题上又说原数的两数字的和为6，应用和差算的法则便得：

(6+2)÷2=4……十位数字，(6-2)÷2=2……个位数字，而原数为42。

解答这类题目的两个基本原理，是怎样得来的呢？现在我们试着来考察一下。

① $\because 83=8 \times 10+3 \qquad 38=3 \times 10+8$

$$\therefore 83+38=(8 \times 10+3)+(3 \times 10+8)$$
$$=8 \times 10+8+3 \times 10+3$$
$$=8 \times (10+1)+3 \times (10+1)$$
$$=8 \times 11+3 \times 11$$
$$=(8+3) \times 11$$

在这个式子最后的一段中，(8+3) 正是 8 和 3 的两数字的和，用 11 去乘它，便得出 11 倍来，但这 11 是从 10 加 1 来的，10 是十进记数法的底数。

② $83-38=(8 \times 10+3)-(3 \times 10+8)$
$$=8 \times 10-8-3 \times 10+3$$

$$=8 \times (10-1)-3 \times (10-1)$$
$$=8 \times 9-3 \times 9$$
$$=(8-3) \times 9$$

在这个式子最后的一段中，(8-3) 正是 8 和 3 的两数字的差，用 9 去乘它，便得出 9 倍来。但这 9 是从 10 减去 1 来的，10 是十进记数法的底数。

将上面的证明法，推到一般情形中去，设记数法的底数为 r，十位数字为 a_1，个位数字为 a_2，则这个两位数为 a_1r+a_2，而它的两位数字对调后所成的数为 a_2r+a_1。所以：

① $(a_1r+a_2)+(a_2r+a_1)=a_1r+a_1+a_2r+a_2$
$$=a_1(r+1)+a_2(r+1)$$
$$=(a_1+a_2)(r+1)$$

② $(a_1r+a_2)-(a_2r+a_1)=a_1r+a_2-a_2r-a_1$
$$=a_1r-a_1-a_2r+a_2$$
$$=a_1(r-1)-a_2(r-1)$$
$$=(a_1-a_2)(r-1)$$

第一原理①应当这样说：

两位数和它的两数字对调后所成的数的和，等于它的两数字和的 (r+1) 倍。r 是记数法的底数，在十进法中为 10，故 (r+1) 为 11；在十二进法中为 12，故 (r+1) 为 13（照十进法说的），在十二进法中便也是 11（一什一）。

第二原理②应当这样说：

两位数和它的两数字对调后所成的数的差，等于它的两数字差的 (r+1) 倍，在十进法中为 9，在十二进法中为 e。

由这样看来，前面所举的例题，在十二进法中是不能成立的，因为在十二进法中，42 减去 24 所剩的是 1t，而不是 18。若照原题的形式改成十二进法的，那应当是：

"有二位数……若从这数减什梯（1t）……"

它的计算法就完全一样了，不过得出来的 42 是十二进法的四什二，而不是十进法的四十二。

（2）关于整数的倍数的性质，且就十进法和十二进法两种对照着举几条如下：

①十进法：5 的倍数末位是 5 或 0。

十二进法：6 的倍数末位是 6 或 0。

②十进法：9 的倍数各数字的和是 9 的倍数。

十二进法：e 的倍数各数字的和是 e 的倍数。

③十进法：11 的倍数，各奇数位数字的和，与各偶数位数字的和，这两者的差为 11 的倍数或零。

十二进法：形式和十进法的相同，只是就十二进法说的一什一，在十进法中是一十三。

上面所举的三项中①，是看了九九表和"依依"表就能够明白的，②③的证法在十进法和十二进法中一样，我们还可以给它们一个一般的证法，试以②为例，③就可依样画葫芦了。

设记数法的底数为 r，各位数字为 a_0、a_1、a_2……a_{n-1}、a_n。各数字的和为 S，则：

$$N = a_0 + a_1 r + a_2 r^2 + \cdots + a_{n-1} r^{n-1} + a_n r^n$$

$$S = a_0 + a_1 + a_2 + \cdots + a_{n-1} + a_n$$

$$N - S = a_1(r-1) + a_2(r^2-1) + \cdots + a_{n-1}(r^{n-1}-1) + a_n(r^n-1)$$

因为 (r^n-1) 无论 n 是什么正整数都可以用 $(r+1)$ 除尽，所以若用 $(r+1)$ 除上式的两边，则右边所得的便是整数，设它是 I，因而得出：

$$\frac{N-S}{r-1} = I$$

$$\frac{N-S}{r-1} - \frac{S}{r-1} = I$$

$$\therefore \frac{N}{r-1} = I + \frac{S}{r-1}$$

所以若 N 是 $(r+1)$ 的倍数，s 也应当是 $(r+1)$ 的倍数，不然这个式子所表示的便成为一个整数，等于一个整数和一个分数的和了，这是不合理的。

这是一般的证明，若把它特殊化，在十进法中 $(r+1)$ 就是 9，在十二进法中 $(r+1)$ 便是 e，由此便得②。

　　由这个证明，我们可以知道，在十进法中，3 的倍数各数字的和是 3 的倍数。而在十二进法中，这却不一定，因为在十进法中 9 是 3 的倍数，而在十二进法中 e 却不是 3 的倍数。

　　从这些例子看起来，假如我们有十二根手指，我们的记数法采用十二进法，与用十进法记数比较起来，无论在数的世界或在数学的世界所起的变化是有限的，而且假如我们能不依赖手指表示数的话，用十二进法记数还更方便些。但是我们的文明，本是双手创造的文明，又怎么能跳出这十根手指头的支配呢？